Emmanuelle Gousse

Les sphingolipides

Emmanuelle Gousse

Les sphingolipides

Etude du rôle des Récepteurs Nucléaires PPARα et
LXR dans le métabolisme hépatique des
sphingolipides

Presses Académiques Francophones

Impressum / Mentions légales

Bibliografische Information der Deutschen Nationalbibliothek: Die Deutsche Nationalbibliothek verzeichnet diese Publikation in der Deutschen Nationalbibliografie; detaillierte bibliografische Daten sind im Internet über http://dnb.d-nb.de abrufbar.

Alle in diesem Buch genannten Marken und Produktnamen unterliegen warenzeichen-, marken- oder patentrechtlichem Schutz bzw. sind Warenzeichen oder eingetragene Warenzeichen der jeweiligen Inhaber. Die Wiedergabe von Marken, Produktnamen, Gebrauchsnamen, Handelsnamen, Warenbezeichnungen u.s.w. in diesem Werk berechtigt auch ohne besondere Kennzeichnung nicht zu der Annahme, dass solche Namen im Sinne der Warenzeichen- und Markenschutzgesetzgebung als frei zu betrachten wären und daher von jedermann benutzt werden dürften.

Information bibliographique publiée par la Deutsche Nationalbibliothek: La Deutsche Nationalbibliothek inscrit cette publication à la Deutsche Nationalbibliografie; des données bibliographiques détaillées sont disponibles sur internet à l'adresse http://dnb.d-nb.de.

Toutes marques et noms de produits mentionnés dans ce livre demeurent sous la protection des marques, des marques déposées et des brevets, et sont des marques ou des marques déposées de leurs détenteurs respectifs. L'utilisation des marques, noms de produits, noms communs, noms commerciaux, descriptions de produits, etc, même sans qu'ils soient mentionnés de façon particulière dans ce livre ne signifie en aucune façon que ces noms peuvent être utilisés sans restriction à l'égard de la législation pour la protection des marques et des marques déposées et pourraient donc être utilisés par quiconque.

Coverbild / Photo de couverture: www.ingimage.com

Verlag / Editeur:
Presses Académiques Francophones
ist ein Imprint der / est une marque déposée de
AV Akademikerverlag GmbH & Co. KG
Heinrich-Böcking-Str. 6-8, 66121 Saarbrücken, Deutschland / Allemagne
Email: info@presses-academiques.com

Herstellung: siehe letzte Seite /
Impression: voir la dernière page
ISBN: 978-3-8381-7743-4

UNIVERSITE PARIS DESCARTES
FACULTE DES SCIENCES PHARMACEUTIQUES ET BIOLOGIQUES

Année 2012   *N°1*

THESE

pour l'obtention du Diplôme d'Etat de

DOCTEUR EN PHARMACIE

présentée et soutenue publiquement

par

Emmanuelle GOUSSE

Le 12 juin 2012

Titre :

Etude du rôle des Récepteurs Nucléaires PPARα et LXR dans le métabolisme hépatique des sphingolipides

JURY

M. LAPREVOTE Olivier, Président
M. RAT Patrice
M. CHAMINADE Pierre

REMERCIEMENTS

Je tiens à remercier Bernard SALLES, directeur du Laboratoire de Pharmacologie Toxicologie à Toulouse pour m'avoir accueilli au sein de son unité.

Je remercie également Hervé GUILLOU, responsable de l'équipe de Toxicologie Intégrative et Métabolisme.

J'exprime ma profonde reconnaissance à Nicolas LOISEAU, mon responsable, qui a dirigé mon travail. Merci pour ses conseils et ses commentaires précieux ainsi que pour sa patience et sa sympathie.

Je tiens à remercier toute l'équipe de l'unité pour leur générosité, leur accueil et leur soutien. Merci à Jean-Luc, Simon, Alice, Laila, Arnaud, Fréd et Nabila.

Merci à mes parents Patricia et Xavier de m'avoir toujours soutenue durant ces longues années d'études et dans ma vie. De même, merci à Marine, ma sœur jumelle, qui m'est indispensable. Je salue aussi mes cousines et cousins, mes grands-parents et oncles et tantes.

Enfin, un grand merci à Julie surnommée la « grumelle maléfique » pour sa joie et sa bonne humeur et tous ces bons moments partagés ensemble, à Marie et Laurène mes amies de longue date, à Anne et Nanar pour tous ces bons moments de vie commune.

A mes amis pharmaciens, Julien, Clémence, Marine, Séverine, Guillaume, Pauline, Marion sans qui ces longues années d'études auraient été difficiles.

Enfin, je dédie ce manuscrit à la mémoire de ma tante Frédérique.

SOMMAIRE

Remerciements

Sommaire

Liste des abréviations

Liste des figures

Liste des tableaux

LISTE DES ABREVIATIONS

ABC : ATP-binding cassette (ABC) « transporter »

ACC : Acetyl CoA Carboxylase

ADN : Acide DésoxyriboNucléique

ADNc : ADN complémentaire

AMP-DNM : N-(5-adamantane-1-yl-methoxy-pentyl)-deoxynojirimycin

ARN : Acide RiboNucléique

ARNm : Acide RiboNucléique messager

ATP : Adénosine TriPhosphate

CAPP : Ceramide activated phosphatases

C1P : Céramide-1-phosphate

C1P Pase : Céramide-1-Phosphate Phosphatase

CDase : Céramidase

Cer : Céramides

CerK : Céramide kinase

CerS : Ceramide synthase

ChREBP : Carbohydrate-Responsive Element-Binding Protein

CFTR : Cystic Fibrosis Transmembrane Conductance Regulator

CoA : Coenzyme A

COX : Cyclo oxygenase

DAG : Diacylglycerol

DES : Dihydroceramide désaturase

DHCer : dihydrocéramide

EDTA : acide éthylène diamine tétra acétique

Et$_2$O : Ether diéthylique

FAS : Fatty acid synthase

Fmoc-Cl : 9-fluorenylmethyl chloroformate

GalCerS : Galctosyl-Céramide Synthase

GSL : Ganglioside

Glu-Cer : Glucosyl-Céramide

GlcCerS : Glucosyl-Céramide Synthase

Glut : Glucose Transporter

HCCl$_3$: Chloroforme

HPLC : High Performance Liquid Chromatography

HPTLC : High Performance Thin-Layer Chromatography

HSAN1 : Neuropathie Héréditaire Sensorielle de sous-type 1

Il : Interleukine

KDSR : 3-kétosphinganine réductase

KO : Knock out

KS: Kétosphinganine

Lac-Cer: Lactosyl Céramide

LXR : Liver X Receptor

MeOH: Méthanol

NaCl: Chlorure de sodium

NADPH : Nicotinamide adénine dinucléotide phosphate

NaOH: Hydroxyde de sodium

NGF : Nerve growth factor

OPA: ortho-phtaldialdéhyde

PBS: Phosphate Buffer Saline

PCN: Pregnenolone-16α-carbonitrile

PCR : Polymerase Chain Reaction

PDK: Phosphoinositide-dependant kinase

PGJ2: Prostaglandine J2

PKB: Protein kinase B

PKC: Protein kinase C

PI3K : Phosphatidylinositol-3-kinase

PLA2: Phospholipase A2

PP2A : Proteine Phosphatase 2A

PPARα: Peroxisome Proliferator Activated Receptor α

PXR: Pregnane X Receptor

RT: Reverse Transcription

S1P: Sphingosine-1-Phosphate

S1P Pase: Sphingosine-1-Phosphate Phosphatase

Sa: Sphinganine

SK: Sphingosine kinase

SM: Sphingomyéline

SMase: Sphingomyélinase

SMS: Sphingomyéline synthase

So: Sphingosine

SPT: Serine Palmitoyl Transférase

SPTLC: Serine Palmitoyl Transferase Long Chaine

SREBP-1c: Sterol Regulatory Element Binding Protein-1c

TBP: TATA Box Binding Protein

TGs: TriGlycérides

TNFα: Tumor Necrosis Factor alpha

WT: Wild-Type

LISTE DES FIGURES

LISTE DES TABLEAUX

I. INTRODUCTION

Toutes les cellules eucaryotes sont entourées d'une membrane composée par une double couche lipidique, qui joue un rôle essentiel dans la perméabilité et la communication cellulaire. Il existe trois classes majeures de lipides dans les membranes des cellules eucaryotes, nommés glycérolipides, sphingolipides et les stérols, dont les propriétés biochimiques et biophysiques varient considérablement sur l'impact de leur fonction. Nous nous sommes focalisés dans ce travail sur une famille de lipides, les sphingolipides ainsi que ces dérivés.

Les sphingolipides ont ainsi été nommés par J.L.W. Thudichum en 1884, du fait de leur nature énigmatique et en rapport avec l'énigme du sphinx, alors qu'il venait d'isoler ce constituant chimique du cerveau et qu'il se posait des questions sur sa fonction réelle (Futerman and Hannun 2004). Ce sont des lipides complexes, présents dans le feuillet externe des membranes plasmiques. Ils sont indispensables au maintien et au développement des organismes vivants.

L'importance des sphingolipides est liée non seulement à leurs propriétés physicochimiques mais également à leurs activités biologiques. Leur voie de biosynthèse et les cascades de signalisation dans lesquels ces sphingolipides sont impliqués, commencent à être mieux connues. Des études récentes ont placé les sphingolipides comme étant le relais de nombreux processus biologiques importants, notamment dans les voies de signalisation cellulaire. On les retrouve impliqués dans la régulation des processus de différentiation, d'apoptose, dans la réponse inflammatoire et dans l'insulinorésistance.

Le foie, est un organe essentiel de l'organisme, il assure entre autre la biotransformation des xénobiotiques, participe au métabolisme des lipides et de manière générale à l'homéostasie énergétique. Notre équipe s'intéresse aux contaminants alimentaires pouvant jouer un rôle dans la survenue de désordres métaboliques au niveau du foie au travers de la modulation de récepteurs nucléaires. En effet, les enzymes impliquées dans le métabolisme des lipides et des xénobiotiques sont très sensibles aux régulations transcriptionnelles. Deux protéines de la famille des récepteurs nucléaires de classe II: Les Liver X Receptor (LXRα et β) et le Peroxisome Proliferator-Activated Receptor α (PPARα) sont des acteurs majeurs de ces régulations. PPAR contrôle les gènes impliqués dans la dégradation des acides gras et LXR co-régule le niveau d'expression des gènes impliqués dans la glycolyse et la lipogenèse.

Différents acides gras sous leur forme Acyl-CoA (en particulier le palmitoyl-CoA) sont nécessaires à la synthèse des sphingolipides. Leur synthèse est donc liée à la lipogénèse et à la lipolyse.

Aujourd'hui, aucune étude ne s'est intéressée à la régulation des enzymes de biosynthèse des sphingolipides. Nous avons donc testé l'hypothèse selon laquelle LXR et PPARα peuvent influencer le métabolisme des sphingolipides. Dans notre étude, nous nous sommes intéressés aux liens potentiels entre les sphingolipides et les maladies métaboliques telles que la stéatose hépatique ou le diabète. Ce travail a donc porté sur l'étude de la régulation transcriptionnelle des gènes impliqués dans la biosynthèse des sphingolipides via LXR et PPARα et des conséquences de ces régulations sur la composition hépatique en céramides.

Dans une première partie, nous ferons une revue bibliographique concernant les sphingolipides et leur implication dans les maladies métaboliques. Puis, nous verrons les méthodes et techniques utilisées pour répondre à notre hypothèse de travail. Pour finir, nous commenterons les résultats obtenus et developperons des perspectives.

1. Structure/biochimie des céramides et métabolisme

1.1. Structure des sphingolipides

Au sein de la famille des sphingolipides, on peut distinguer quatre grandes sous-familles : Les bases sphingoïdes, les céramides, les phospho-sphingolipides et les glyco-sphingolipides (Figure 1).

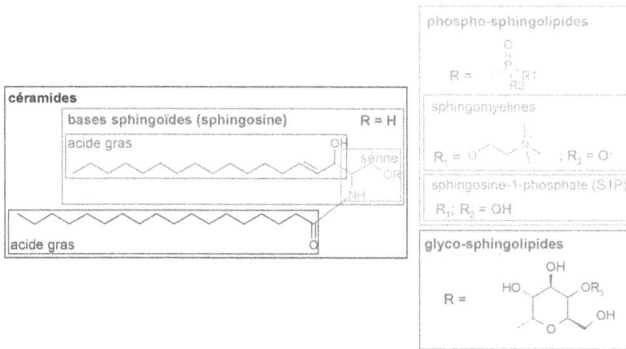

Figure 1: Structure chimique des différentes sous-familles de sphingolipides : bases sphingoïdes, céramides, phospho-sphingolipides, glyco-sphingolipides.

Les sphingolipides sont des molécules amphiphiles, ayant des propriétés hydrophobes et hydrophiles. La région hydrophobe contient une base à longue chaîne avec un acide gras lié par une fonction amide sur le carbone 2.

Les bases sphingoïdes les plus fréquentes sont la sphinganine et la sphingosine. Les caractéristiques biologiques importantes de ces molécules se situent entre les carbones 1 à 5. On retrouve un groupe hydroxyl primaire et secondaire respectivement en position C1 et C3, un groupe amine en C2 permet la liaison avec un acide gras, et une double liaison entre C4 et C5.

Les céramides (Cer) résultent de la condensation d'un acide gras sur la fonction amine primaire d'une base sphingoïde avec formation d'une liaison amide. Les acides gras contenus dans les sphingolipides peuvent être saturés ou mono-insaturés avec une longueur de chaine comprise entre 14 et 26 carbones. Les Cer sont les précurseurs de la voie de biosynthèse des sphingolipides, ils sont à l'origine de la formation de plusieurs sphingolipides complexes tels que les phosphosphingolipides ou les glycosphingolipides. La majeure partie des modifications ont lieu au niveau du groupement lié à la fonction alcool sur C1 : c'est sur cette base que l'on distingue les deux groupes de sphingolipides complexes.

Les glycosphingolipides contiennent un ou plusieurs groupes de carbohydrate et sont classés en deux sortes : les glycosphingolipides neutres et acides. Ils se caractérisent par une chaîne oligosaccharidique composée de un à une dizaine de résidus, dont des hexoses (glucose, galactose, fucose), des N-acétylhexosamines (galactosamine, glucosamine), de l'acide sialique ou neuraminique dans le cas des gangliosides, les sulfatides possédant quant à eux un groupement sulfate.

Les phospho-sphingolipides regroupent la Sphingomyéline (SM), le Céramide-1-phosphate (Cer1P) et la Sphingosine-1-P (S1P). Chez les mammifères, le plus important des phospho-sphingolipides est la sphingomyéline, composé extrait des gaines de myéline des fibres nerveuses. L'alcool primaire est conjugué par un groupement phosphatidylcholine.

1.2. Biosynthèse des céramides et enzymologie

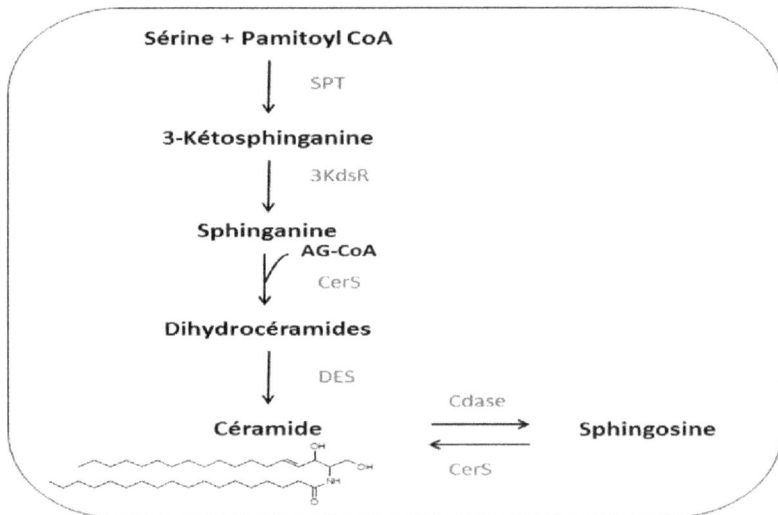

Figure 2: Biosynthèse des céramides. *Les enzymes (SPT, 3KdsR, CerS, DES..) permettent la formation des différentes bases sphingoïdes et des céramides. SPT : Serine Palmitoyl transferase, 3KdsR : 3-kétosphinganine réductase, CerS : Ceramide Synthase, DES : Dihydroceramide désaturase, Cdase : Céramidase.*

La synthèse de sphingolipides (Figure 2) débute sur la surface du réticulum endoplasmique (RE) par la formation de 3-kétosphinganine (3KS) issue de la condensation d'une sérine avec un palmitoyl-CoA par une sérine palmitoyl transférase (SPT) (Hanada 2003). La SPT fonctionne sous forme d'hétérodimère composé de deux sous-unités (Hornemann, Penno et al. 2009), SPTLC1 et SPTLC2. En 2006, des études ont montré l'existence d'une nouvelle sous-unité de la SPT : la SPTLC3 (Hornemann, Richard et al. 2006). Celle-ci montre 68% d'homologie avec la SPTLC2. La SPT est une décarboxylase dépendante d'un co-facteur : le pyridoxal-5-phosphate.

Les SPTLC2 et SPTLC3 sont les sous-unités responsables de l'activité catalytique de la condensation de l'acide gras et de la sérine. La SPTLC2 (sous-unité principale) utilise le palmitoyl-CoA alors que la SPTLC3 utilise le myristoyl-CoA pour former des bases sphingoïdes à chaine carbonée plus courte (Hornemann, Penno et al. 2009). La SPT est l'enzyme limitante de la voie de biosynthèse des sphingolipides.

La 3KS est alors réduite par la 3-kétosphinganine réductase (KDSR) pour former la sphinganine (Sa) (dihydrosphingosine). Cette dernière est alors prise en charge par une céramide synthase (CerS 1 à 6) (dihydroceramide synthase ou sphinganine acyl-transférase) pour la coupler à un nouvel acide gras (Pewzner-Jung, Ben-Dor et al. 2006) et former une dihydrocéramide (DHCer). Chez les mammifères, il existe 6 isoformes de CerS qui utilisent sélectivement des acides gras sous forme d'acyl-CoA de longueurs de chaînes différentes (Tableau 1). Une hypothèse suggère que l'existence de six gènes codant pour la CerS dans la cellule provient du fait que les Cer contenant différents acides gras jouent des rôles différents dans des fonctions spécifiques des cellules.

Par ailleurs, chacune de ces isoformes est exprimée à des niveaux différents selon leur localisation tissulaire (Levy and Futerman) (Figure 3). Par exemple, nous pouvons observer que la Ceramide synthase 2 (CerS2) est la plus exprimée de la famille des gènes des céramides synthases au niveau hépatique où elle représente 75% des CerS. Des études ont rapporté une activité importante de la CerS2. En effet, des souris déficientes en CerS2 ont montré une démyélinisation, des signes de dégénérescence cérébrale associés à la formation de microkystes, ainsi que le développement d'hépatocarcinome (Imgrund, Hartmann et al. 2009).

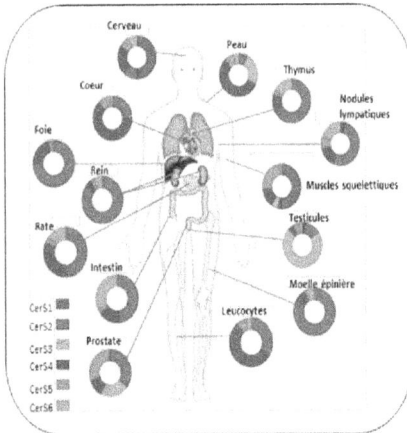

Figure 3: Expression des ARNm des CerS au niveau des différents organes (Levy and Futerman 2010).

Sous-famille de céramide synthase	Localisation tissulaire	Acyl-CoA principalement pris en charge
CerS 1 (Sridevi, Alexander et al. 2009)	Cerveau	C18:0
CerS 2 (Imgrund, Hartmann et al. 2009)	Foie et Rein	C22:0/C24:1
CerS 3 (Rabionet, van der Spoel et al. 2008)	Testicules	C26:0
CerS 4 (Levy and Futerman)	Peau et poumon	C20:0
CerS 5 (Lahiri and Futerman 2005)	Testicules, Rein, Cerveau, Poumons	C16:0
CerS 6 (Mizutani, Kihara et al. 2005)	Cerveau, Rein, Foie, Testicule, Thymus	C16:0

Les Cer sont ensuite formés par une désaturase NAD-dépendante, intervenant au niveau de la liaison carbonée 4-5 de la base sphingoïde grâce à l'action des dihydrocéramides désaturases (DES) (Causeret, Geeraert et al. 2000). Les Cer sont considérés comme jouant un rôle pivot dans le métabolisme des sphingolipides.

La DES est exprimée dans plusieurs tissus mais plus particulièrement dans le foie. Elle présente deux sous-unités : DES1 et DES2. L'équipe de Ternes en 2002 a conclu que DES1 était la désaturase responsable de la biosynthèse des céramides et que DES2 avait une double fonction de désaturase et d'hydroxylase responsable respectivement de la synthèse de céramide et de phytosphingosine (Ternes, Franke et al. 2002).

Les céramidases (CDase) sont capables d'hydrolyser les Cer en sphingosine (So). Il existe les céramidases acide (a-CDase), neutre (n-CDase) et alcaline (alc-CDase), elles dépendent du pH optimum de l'activité de la céramidase, soit un pH de 4,5 pour l'a-CDase, un pH de 7-9 pour la n-CDase et un pH de 8,5-9,5 pour l'alc-CDase. L'activité de l'a-CDase a été décrite pour la première fois par Shimon Gatt en 1963 (Gatt 1963) dans le cerveau de rat. L'activité de la n-CDase a été décrite en 1969 dans le duodénum humain (Nilsson 1969) et en 1980 dans des microsomes de foie de rat (Stoffel and Melzner 1980). Enfin, l'activité d'une alc-CDase a été observée dans des fibroblastes et des leucocytes (Dulaney, Milunsky et al. 1976). Mao et al. ont identifié deux alc-CDase (YPC1 et YDC1). Les différentes CDase sont retrouvées dans différents compartiments cellulaires. L'a-CDase est localisée dans le lysosome (Koch, Gartner *et al.* 1996), la n-CDase se situe au niveau de la membrane plasmique (El Bawab, Roddy *et al.* 2000) et l'alc-CDase entre le réticulum endoplasmique et l'appareil de Golgi (Mao, Xu *et al.* 2001).

1.3. Biosynthèse des phospho-sphingolipides et enzymologie

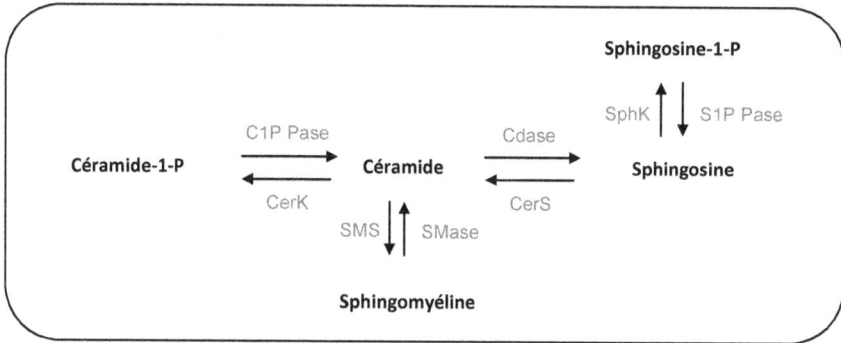

Figure 4: Biosynthèse des phospho-sphingolipides. Les enzymes (Pase, CerK, SMS, SMase..) permettent la formation des différents phospho-sphingolipides et de la sphingomyéline. SphK : Sphingosine Kinase, S1P Pase : Sphingosine-1-phosphate Phosphatase, Cdase : Céramidase, CerS : Céramide Synthase, SMase : Sphingomyélinase, SMS : Sphingomyéline synthase, CerK : Céramide Kinase, C1P Pase : Céramide-1-Phosphate Phosphatase.

Les Cer (Figure 4) peuvent être phosphorylés par la céramide kinase (CerK) en céramide-1-phosphate (C1P); de même que la So peut également être phosphorylée par la sphingosine kinase (SphK) pour former de la S1P. Deux isoformes de la SphK, SphK1 et SphK2 ont été identifiées par clonage moléculaire (Wattenberg, Pitson *et al.* 2006).

Les sphingomyelines (SM), phospho-sphingolipides constitués d'un céramide liée à un groupement phosphatidylcholine en position 1, sont formées par une sphingomyéline synthase (SMS) (Tafesse, Ternes *et al.* 2006). Deux SMS ont été identifiées : SMS1 et SMS2, ayant chacune une fonction et une localisation différente. Ainsi, les SM peuvent être hydrolysées en Cer par les sphingomyélinases acides ou neutres localisées respectivement sur la face externe ou interne de la membrane plasmique.

1.4. Biosynthèse des glycosphingolipides et enzymologie

Les glycosphingolipides (Figure 5) se forment sous l'action de la glucosylcéramide synthase qui utilise les céramides et l'UDP-glucose comme substrat. Les glucosylcéramides et les galactosylcéramides sont les précurseurs de nombreux gangliosides, qui sont formés par transfert de sucre par les galactosyltransférases, les sialyltransférases, GalNac transférase et GalCer sulfotransférase. Les gangliosides sont particulièrement présents dans le système nerveux ou ils représentent environ 10 à 12% de quantité totale en lipide (Posse de Chaves and Sipione 2010).

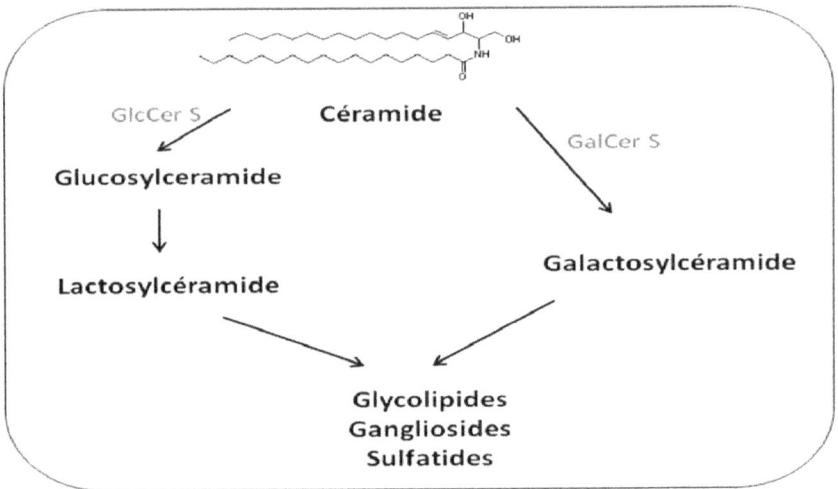

Figure 5: Biosynthèse des glycosphingolipides. Les enzymes (GlcCerS et GalCerS) permettent la formation des glycosphingolipides à partir des céramides. GlcCerS : Glucosyl-Céramide Synthase, GalCerS : Galactosyl-Céramide Synthase.

1.5. Localisation cellulaire des différents sphingolipides

L'ensemble de la synthèse *de novo* des bases sphingoïdes et des céramides, qui sont les sphingolipides les plus « simples », est réalisée au niveau de la face cytosolique du réticulum endoplasmique alors que la synthèse de sphingomyélines et des glucosyl-céramides s'effectuent dans l'appareil de Golgi (Figure 6).

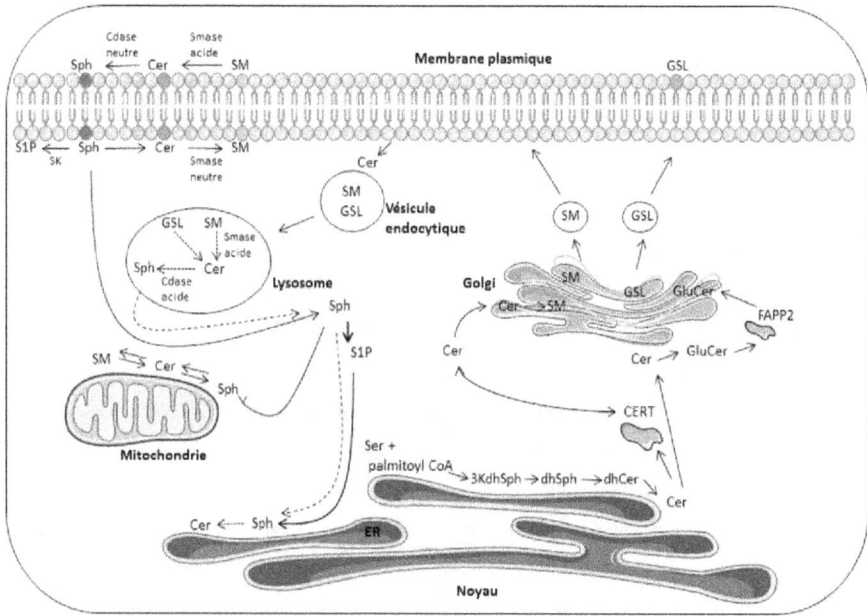

Figure 6 : Compartimentation des sphingolipides (*adaptée de Hannun and Obeid 2008). La synthèse de novo a lieu au niveau du réticulum endoplasmique. La biosynthèse des autres sphingolipides s'effectue dans différents organites cellulaires tels que les mitochondries, les lysosomes, l'appareil de Golgi.*

La nature hydrophobe des Cer empêche leur transfert vers le cytosol. Elles vont donc migrer vers le cis-golgi, par transport vésiculaire ou par transport actif, grâce aux protéines CERT. Celles-ci extraient spécifiquement les céramides des membranes et sont nécessaires pour la formation de sphingolipides plus « complexes » tels que la SM (phospho-sphingolipides) et les glucosyl-céramides (Glu-Cer) au niveau du cis-golgi. Contrairement à la synthèse de SM, les Glu-Cer sont formés au niveau de la face cytosolique de l'appareil de Golgi. Ces derniers sont alors pris en charge par la FAPP2 qui les transporte au trans-golgi afin de former des gangliosides (GSL) (glycosphingolipides les plus complexes). La migration des GSL et des SM vers la membrane plasmique se fait par transport vésiculaire. Ils se répartissent dans la bicouche lipidique ou ils pourront être selon leur structure, hydrolysés ou conjugués par diverses enzymes. La So et la S1P, sphingolipides très hydrosolubles peuvent alors se solubiliser dans le cytosol et ainsi être internalisées pour rejoindre le réticulum endoplasmique ou les mitochondries. Dans ces organites cellulaires, ils peuvent à nouveau être transformés en Cer ou en sphingolipides plus complexes. Ceci constitue la voie de recyclage (« salvage pathway ») des sphingolipides. Les sphingolipides de la membrane plasmique peuvent également être hydrolysés lors de l'endocytose à l'intérieur des lysosomes avant de rejoindre le réticulum endoplasmique où les mitochondries.

2. Physiopathologie

Les sphingolipidoses sont caractérisées par des déficiences enzymatiques nécessaires à la dégradation des sphingolipides. Cela a pour conséquence l'accumulation de ces sphingolipides dans les tissus et notamment au niveau du foie et peut avoir de sévères conséquences. Les sphingolipidoses ont ainsi mit en évidence l'intérêt d'étudier les sphingolipides. De même, l'accumulation de sphingolipide joue un rôle majeur dans les maladies métaboliques. L'obésité en est la principale cause. L'insulino-résistance est l'anomalie d'ordre métabolique qui prédispose à l'accumulation excessive de graisses dans le foie et mène généralement à une stéatose évoluant vers une stéato-hépatite. La stéatose hépatique correspond à l'accumulation hépatique de triglycérides. La stéato-hépatite quant à elle, correspond à l'apparition d'une inflammation et d'une nécrose hépatocytaire. Elle est susceptible de se compliquer en cirrhose ou hépatocarcinome.

2.1. Sphingolipidoses

De nombreuses maladies génétiques orphelines, appelées sphingolipidoses s'expliquent par un dysfonctionnement de leur métabolisme. Les sphingolipidoses appartiennent aux maladies de stockage du lysosome et sont des maladies héréditaires, avec une incidence de 1/5000-7000 naissances (Staretz-Chacham, Lang *et al.* 2009) et se transmettent selon un mode autosomique récessif. La maladie de Gaucher est la plus fréquente des sphingolipidoses. Elle est causée par une déficience de l'enzyme glucosyl-ceramide glucosidase, et se caractérise par des dépôts de Glu-Cer dans les cellules hépatiques, spléniques et dans la moelle osseuse. Elle provoque une hépato-splénomégalie, une asthénie et des complications osseuses. On retrouve des atteintes neurologiques dans les types 2 et 3. Les maladies varient selon les sphingolipidoses : la maladie de Fabry affecte le cœur et les reins tandis que la maladie de Farber affecte la peau.

De même, chez la souris, la déficience en SPTLC1 ou SPTLC2 est létale au niveau embryonnaire (Sabourdy, Kedjouar *et al.* 2008). Par ailleurs, la mutation de ces protéines conduit à une cytotoxicité (Gable, Gupta *et al.* 2010). D'ailleurs, la mutation du locus 9q22.1-

q22.3 du gène SPTLC1, qui altère un résidu spécifique d'acide aminé (cystéine ou valine), est responsable du développement d'une maladie neuro-dégénérative appelée Neuropathie Héréditaire Sensorielle de sous-type 1A (HSAN1). En effet, la séquence d'acide aminé autour de la cystéine et de la valine chez SPT1 est impliquée dans la formation d'un site catalytique. Dans le cas de la maladie HSAN1, la formation d'un site catalytique actif est impossible. Cette maladie génétique rare (200 à 300 cas dans le monde) est impliquée dans la dégénérescence progressive des neurones sensoriels et autonomes des membres inférieurs. Les personnes atteintes sont insensibles à la douleur et la température. Par ailleurs, une déficience partielle de la SPT entraine chez l'adulte des anomalies qui peuvent être compensée par l'alimentation en So. Les différentes sphingolipidoses associées à l'enzyme déficiente sont mentionnées dans le tableau ci-dessous (Tableau 2). Dans la plupart des cas, seuls les sphingolipides ont été identifiés comme étant les produits de stockage primaire au niveau du lysosome. Cependant, des lipides tels que le cholestérol ont été identifiés comme étant un deuxième produit de stockage.

Tableau 2: Maladies rares associées à une perturbation de la voie de biosynthèse des sphingolipides (Sabourdy, Kedjouar et al. 2008).

Nom de l'enzyme	Maladie humaine	Symptômes associés
SPT	Neuropathie héréditaire sensorielle de sous-type 1A (HSAN1)	perte sensorielle et motrice
Acide sphingomyélinase	Niemann-Pick	type A: désordre neurodégénératif; hépato splénomégalie
Acide céramidase	Farber	Retard psychomoteur; enrouement; vomissement; arthrite; ganglions lymphatiques gonflés
Galactosylcéramidase	Krabbe	ataxie; cécité; baisse psychomotrice; démyélination
Glucosylcéramidase	Gaucher	splénomégalie; hépatomégalie; forme neurologique aigue ou chronique
Arysulfatase	Leucodystrophie métachromatique	Démyélination progressive; ataxie; hypotonie; régression psychomotrice; cécité; symptôme psychiatrique
Hexosaminidase	Tay-Sach / Sandhoff	Déficience mentale et visuelle; hypotonie; paralysie
Sialidase	Sialidosis	type I: tâches maculaires rouges sur la rétine
GM1-Galactosidase	GM1-gangliosidosis	hépato-splénomégalie; encéphalopathie; déformation squelettique
Galactosidase	Fabry	Angiokératome; opacité de la cornée; acroparesthésie; insuffisance rénale; vasculopathie du cœur et du cerveau

2.2. Maladies métaboliques

Il existe à l'heure actuelle deux définitions principales du syndrome métabolique, celle de l'OMS publiée en 1998 et amendée en 1999, et celle du National Cholesterol Education Program américain (NCEP-ATPIII) publiée en 2001. Le syndrome métabolique n'est pas vraiment une maladie mais un ensemble de facteurs de risques (Tableau 3) plus ou moins liés par une origine, des cibles métaboliques ou des mécanismes communs. Le syndrome métabolique est défini comme la présence d'au moins trois des critères suivants :

Tableau 3: Définition du syndrome métabolique selon les critères américains du NCEP ATPIII.

Facteurs de risque	Seuil retenu
Tour de taille	$\geq$102cm, homme $\geq$88 cm, femme
Triglycérides	$\geq$1,50 g/L
HDL cholestérol	<0,40g/L, homme <0,50g/L, femme
Pression artérielle	$\geq$130/85 mm Hg
Glycémie à jeun	$\geq$1,10 g/L

L'OMS et le NCEP ont en commun la prise en compte d'une association de facteurs de risque : une hypertension artérielle, un faible taux de HDL cholestérol, une hypertriglycéridémie, une glycémie à jeun élevée et une obésité abdominale. La consommation d'un régime riche en graisse et en énergie et la sédentarité sont deux facteurs importants qui prédisposent au syndrome métabolique. La première cause fonctionnelle métabolique identifiée est la résistance à l'insuline (insulino-résistance). L'insulino-résistance des tissus périphériques contribue donc à l'émergence d'une hyperglycémie. L'ensemble des facteurs de risque peuvent conduire à plusieurs maladies graves comme le diabète de type II (appelé aussi « diabète non insulinodépendant » ou « insulinorésistant »), des pathologies cardiovasculaires, voire contribuer à l'émergence de certains cancers.

Bien que les sphingolipides soient des composants mineurs du milieu lipidique chez les mammifères, leur accumulation dans les différents tissus joue un rôle dans le développement des maladies métaboliques. De même, l'addition de sphingolipides exogènes, incluant Cer et Glu-Cer conduit à des évènements cellulaires associés à des maladies métaboliques. L'utilisation d'inhibiteurs pharmacologiques (Figure 7) de la voie de synthèse du métabolisme des sphingolipides a démontré que les sphingolipides jouaient un rôle dans les pathologies telles que l'obésité, l'athérosclérose, l'insulino-résistance et la cardiomyopathie (Bruni et Donati 2008). Les Cer, Glu-Cer et les gangliosides GM3 sont impliqués dans ces processus.

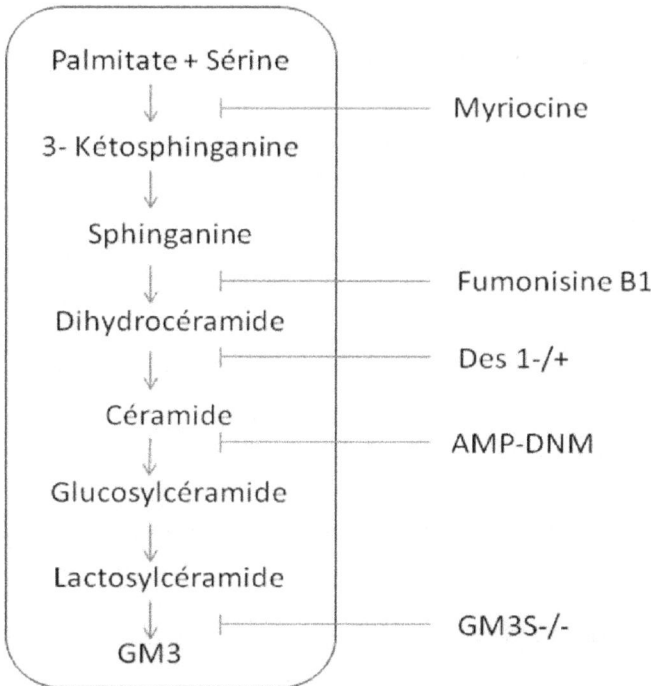

Figure 7: Inhibiteurs de la voie de biosynthèse des sphingolipides. *Des 1-/+ : Dihydroceramide Désaturase 1 hétérozygote, GM3S-/- : Ganglioside GM3 Synthase KO.*

La stéatose et la stéato-hépatite constituent les manifestations hépatiques du syndrôme métabolique. La stéato-hépatite est associée à une évolution pathologique grave. Au stade tardif de la maladie, une cirrhose hépatique et ses complications (insuffisance hépatique et carcinome hépatocellulaire) peuvent survenir. Les facteurs de risque incluent l'insulino-

23

résitance, le diabète de type II, les antécédents familiaux, l'hypertension et l'hypertriglycéridémie.

2.2.1. Diabète de type II

Le diabète de type II représente 90% des cas de diabète. Il survient assez tard dans la vie. La première cause du diabète de type II est la désensibilisation du foie, des muscles et du tissu adipeux à l'action de l'insuline. Ce processus, qui caractérise l'insulino-résistance, induit secondairement une insuffisance des cellules β pancréatiques, insulino-sécrétrices, qui conduit à l'hyperglycémie. Il est associé à un surpoids. L'obésité et le diabète de type II sont les facteurs les plus fortement associés à la stéatose hépatique.

L'accumulation intracellulaire de triglycérides peut interférer avec la voie de signalisation de l'insuline en déclenchant l'activation de sérine/thréonine kinases permettant ainsi la phosphorylation du récepteur à l'insuline. Cependant, un taux anormal élevé d'acyl-CoA peut induire un stress oxydatif qui participe au dysfonctionnement de la voie de signalisation de l'insuline.

De nombreuses études ont démontré que les Cer inhibent l'entrée du glucose stimulée par l'insuline dans la cellule, mais aussi la translocation de GLUT4 et la synthèse de glycogène. Cela contribue au développement d'une insulino-résistance, résultant d'un excès de lipides. Les Cer bloquent la phosphorylation et l'activation de l'Akt/protéine kinase B, ce qui inhibe la signalisation de l'insuline. De même, une corrélation a été démontrée entre une augmentation de la sensibilité à l'insuline et un faible niveau en Cer.

Les traitements adoptés au cours des dernières décennies utilisent des hypoglycémiants. Les thiazolidinédiones (TZD), ligands synthétiques des PPAR ont des effets antidiabétiques reconnus. Elles réduisent l'insulino-résistance au niveau du tissu adipeux, des muscles squelettiques et du foie.

2.2.2. Stéatose hépatique et stéato-hépatite

Chez les mammifères, le foie est un des organes essentiel au métabolisme des lipides et de manière générale à l'homéostasie énergétique. La lipogenèse est un processus métabolique qui consiste à fabriquer et à stocker des triglycérides. La stéatose hépatique peut résulter d'une augmentation du flux d'acides gras vers le foie, d'un excès de synthèse hépatique (synthèse de *novo* d'acides gras), d'un défaut d'oxydation ou d'un défaut de sécrétion des lipoprotéines (VLDL). Les triglycérides excédentaires vont être stockés dans le tissu adipeux. Le risque de stéatose augmente avec la sévérité de l'obésité.

Les voies de la glycolyse et de la β-oxydation fournissent l'acétyl-CoA nécessaire pour la biosynthèse des acides gras (Figure 8).

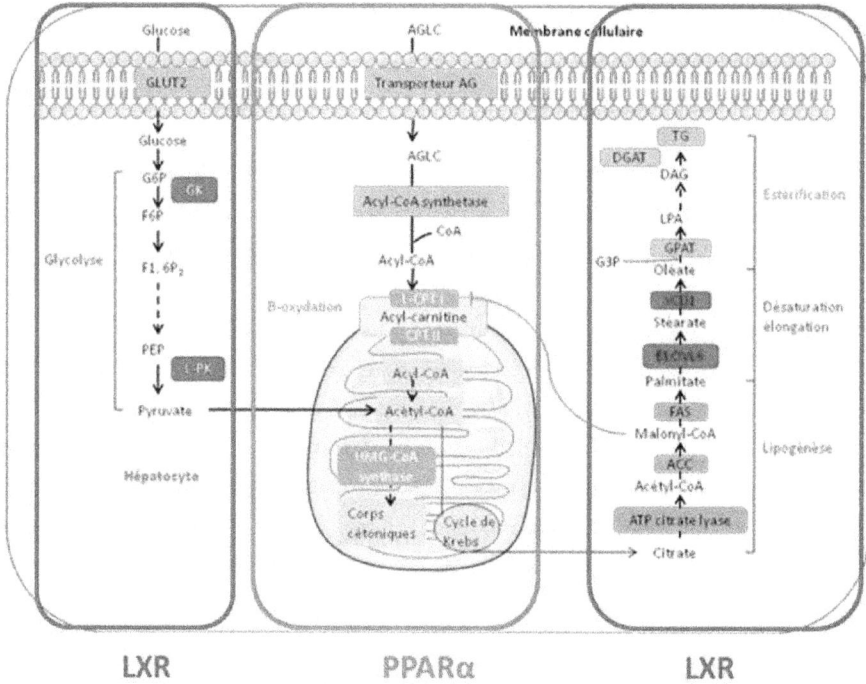

Figure 8: Les différentes étapes du métabolisme des lipides au niveau hépatique (Postic et *Girard 2008). LXR co-régule le niveau d'expression des gènes impliqués dans la glycolyse et la lipogenèse. PPAR contrôle les gènes impliqués dans la β oxydation.*

La première étape est la pénétration du glucose et des acides gras dans la cellule. Avant activation de la glycolyse par l'insuline, le transport membranaire du glucose est assuré par une famille de protéine (GLUT). Il est ensuite activé par phosphorylation et forme le glucosyl-6-phosphate. Après une série de réaction, la molécule de glucose (à 6 carbones) se dégrade en deux molécules de pyruvate (3 carbones) avec formation d'ATP. La réaction se déroule dans le cytosol de la cellule. Cette voie est donc sensible à l'insuline.

De même, les acides gras sont activés après avoir pénétré dans la cellule. Les glucides (sous forme de pyruvate) et les acides gras pénètrent la mitochondrie et ne peuvent entrer dans le cycle de Krebs que via l'acétyl-CoA. On peut souligner le fait que l'acétyl-CoA et les acides gras ne peuvent pas servir de précurseurs à la gluconéogenèse alors que les glucides sont de bons précurseurs à la synthèse des lipides.

L'acétyl-CoA dans le cycle de Krebs sort sous forme de citrate dans le cytosol et celui-ci est de nouveau clivé en Acétyl-CoA grâce à une ATP citrate lyase. Le point de départ de la lipogenèse est l'acétyl-CoA provenant du pyruvate et de la dégradation des acides gras par β-oxydation. La lipogenèse débute donc avec la formation de malonyl-CoA. Cette réaction est catalysée par l'Acétyl-CoA Carboxylase (ACC). Le malonyl-CoA est ensuite utilisé pour la synthèse de l'acide palmitique (C16 :0) par la « Fatty acid synthase » (FAS). L'acide palmitique est soit directement désaturé en acide palmitoléique (C16 :1n-7) par une Δ9-désaturase, soit allongé en acide stéarique (C18 :0) par une élongase. Enfin, l'acide stéarique est également le substrat de la Δ9-désaturase qui le convertit en acide oléique (C18 :1n-9). Cette étape marque le terme de la synthèse des acides gras. L'oléate conduit à la formation de triglycérides, après des réactions d'estérification. Des troubles de l'équilibre entre synthèse et dégradation des acides gras peuvent favoriser une augmentation des triglycérides. Leur accumulation dans le foie peut entraîner une stéatose hépatique alors qu'une accumulation dans le tissu adipeux contribue à l'émergence d'une obésité. Ces désordres d'origine métabolique constituent des éléments fréquemment retrouvés dans le syndrome métabolique.

La glycolyse et la lipogenèse sont contrôlées par deux facteurs de transcription : ChREBP (Carbohydrate-Responsive Element-Binding Protein) et SREBP-1c (Sterol Regulatory Element Binding Protein-1-c). Une surexpression de ce facteur dans le foie augmente de manière significative la synthèse des acides gras et du cholestérol pouvant aboutir à une stéatose hépatique. Ces deux facteurs de transcription sont eux-mêmes régulés par le récepteur nucléaire LXR. L'activation de ce dernier induit l'expression de gènes cibles de LXR (ex : Acc, Fas, Scd1) et augmente le taux de triglycérides hépatiques. Des études ont montré chez des souris SREBP-1c-/- (Liang, Yang *et al.* 2002), ChREBP -/- (Iizuka, Bruick *et al.* 2004) ou LXRα-/-β-/- (Repa et Mangelsdorf 2000) nourries avec un régimes standard, une diminution de l'expression des gènes de la lipogénèse a été rapportée (Cha et Repa 2007). LXR intervient donc, en synergie avec SREBP-1c et ChREBP, comme régulateur de la lipogenèse hépatique.

Le métabolisme des sphingolipides requiert l'apport de palmitoyl-CoA et d'acyl-CoA pour la formation, respectivement, de bases sphingoïdes et de céramides qui sont les molécules de bases de l'ensemble des sphingolipides. Leur synthèse est donc liée à la lipogenèse et donc à LXR. D'ailleurs comme l'indique la Figure 9, les sphingolipides sont capables de réguler différents éléments de l'homéostasie lipidique. Entre autre, il a été montré que les sphingomyélines pouvaient réguler la protéolyse de SREBP en inhibant SCAP (Scheek, Brown *et al.* 1997). SCAP est une protéine enzymatique qui soit active SREBP par clivage, soit l'inactive en la séquestrant dans le réticulum endoplasmique. De plus, il a été montré que SPTLC1 pouvait s'associer à l'ABC transporteur ABCA1 pour bloquer l'efflux du cholestérol (Tamehiro, Zhou *et al.* 2008).

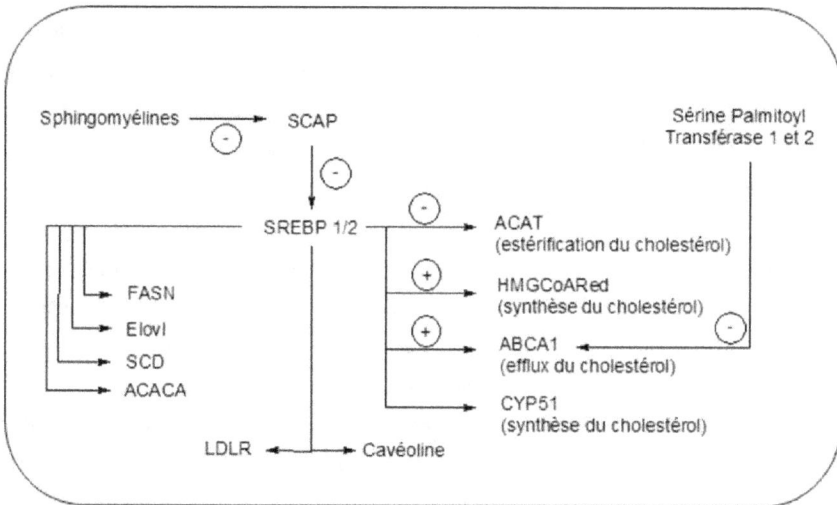

Figure 9: Effets des Sphingomyélines et des SPTLC à plusieurs niveaux de la lipogenèse.
La sphingomyéline régule le métabolisme des lipides via SREBP qui agit sur les gènes de la lipogénèse (FASN, Elovl, SCD, ACACA). SPT bloque l'efflux de cholestérol en s'associant à l'ABCA1 transporteur.

La β-oxydation des acides gras au niveau hépatique est, quant à elle, fortement contrôlée par le récepteur nucléaire PPARα. L'activation de ce récepteur par des ligands induits l'expression de gènes cibles (ex : CptII, Acox1) de PPAR et augmente la β-oxydation peroxysomale et mitochondriale des acides gras.

L'évolution de la stéatose est la stéato-hépatite. Elle correspond à l'apparition d'une inflammation et d'une nécrose hépatocytaire. Elle est considérée comme une hépatopathie avancée. La gravité de la maladie est fonction de l'activité inflammatoire.

2.3. Cancer

Dans le cancer, le niveau de sphingolipides ainsi que l'expression des enzymes du métabolisme des sphingolipides sont altérés (Ryland, Fox *et al.*). La balance entre le niveau de Cer et de S1P semble être un facteur déterminant dans la maladie. En effet, une augmentation du niveau intracellulaire de céramides par l'intermédiaire de molécules peut être une stratégie dans la thérapie contre le cancer car il change le ratio Cer / S1P, impliqués respectivement dans l'apoptose et la prolifération cellulaire. Des études ont démontré que sur des lignées de cellules lymphoïdes et sur des cellules cancéreuses de la prostate, une augmentation du niveau de Cer en réponse à une radiothérapie entraîne la mort cellulaire (Scarlatti, Sala *et al.* 2007). De même, dans une leucémie lymphocytaire aigüe à cellules T, les anthracyclines et la doxorubicine induisent la mort cellulaire via la production de céramides (Herr, Wilhelm *et al.* 1997). Par exemple, la vincristine induit l'apoptose via les céramides sur des cellules lymphoblastiques (Olshefski and Ladisch 2001). La plupart des agents de chimiothérapie augmentent le niveau de céramide. L'administration d'analogues exogènes de Cer pour élever le niveau de Cer endogènes provoque un effet cytotoxique sur des cellules cancéreuses du sein, du cerveau et de la prostate.

Le ratio cellulaire de Cer / S1P est un facteur déterminant dans la réponse des cellules cancéreuses à la chimiothérapie. Le niveau de S1P est associé dans le cancer à une réduction de la mort cellulaire. S1P est impliqué dans la croissance de tumeur et il est surexprimé dans les cancers gastriques en lien avec un mauvais pronostic (Fuereder, Hoeflmayer *et al.* 2011). Par ailleurs, un niveau élevé de S1P entraine un faible taux de survie chez des patients atteints d'un glioblastome (Van Brocklyn, Jackson *et al.* 2005). De plus, la SphK et la S1P sont impliqués dans différentes cellules cancéreuses comme les cellules de lymphomes T (Stam, Michiels *et al.* 1998), des cellules de gliomes (Van Brocklyn, Young *et al.* 2003) et des cellules du cancer de la thyroïde. S1P a aussi été retrouvée au niveau des cellules du cancer de l'ovaire. SphK1 a été montré comme étant une cible thérapeutique dans le traitement du cancer. Une surexpression de SphK1 protège les cellules de l'apoptose mais augmente la prolifération tumorale. Cependant, une inhibition pharmacologique de SphK induit l'apoptose couplée à une élévation du taux de Cer (Pchejetski, Golzio *et al.* 2005). Des études récentes ont montré l'implication des récepteurs S1P dans le cancer. Les récepteurs S1P sont des récepteurs couplés aux protéines G (S1P1-S1P5) qui sont responsables de la survie cellulaire. Par exemple, une forte expression cytoplasmique des récepteurs S1P1 et S1P3 entrainent la progression de cancer du sein (Watson, Long *et al.*2010).

La S1P contribue à la progression du cancer. Elle est impliquée dans la prolifération cellulaire. De même, les glycosphingolipides jouent un rôle dans les cancers. On retrouve un taux élevé de galactosylcéramide dans le cancer de l'ovaire (Liu, Chen *et al.*). Le rôle de PPAR γ a été étudié in vitro à partir de différentes lignées de cellules malignes : cellules de liposarcome, de cancer du sein (Elstner, Muller *et al.* 1998) et de la prostate, du cancer gastrique et colique. Dans ces différents modèles, les ligands de PPAR inhibent la prolifération cellulaire et induisent des phénomènes d'apoptose sur les cellules de cancer du sein et de la prostate.

2.4. Autre pathologie : exemple de la sclérose en plaque (SEP)

La SEP est une maladie auto-immune chronique qui touche le système nerveux central. La maladie se caractérise par des réactions d'inflammation qui entrainent par endroits la destruction de la myéline (démyélinisation). La myéline est constituée principalement de SM et sert à protéger les fibres nerveuses. Différents sphingolipides jouent un rôle dans cette maladie. Plusieurs anomalies dans le métabolisme des sphingolipides au niveau du cerveau ont été observées dans la sclérose en plaque. L'accumulation de Cer peut être couplée à l'action de cytokines extracellulaires et de réponse au stress. Les cytokines pro-inflammatoires telles que le TNFα interviennent dans la régulation du métabolisme des sphingolipides. Le TNF va induire la dégradation de SM en Cer et ainsi perturber l'asymétrie des membranes plasmiques et la structure de la myéline. Le niveau de Cer est augmenté dans la région entourant les plaques, et le contenu en So de la matière blanche est de même augmenté (Jana and Pahan).

De même, le TNFα va activer PLA2. Des études ont montré une augmentation de l'activité de l'enzyme cPLA2 chez des souris atteintes de sclérose en plaque (Cunningham, Yao *et al.* 2006). L'activation de cPLA2 entraine la libération d'acide arachidonique conduisant à l'activation de SMase et donc à la formation de Cer (Jayadev, Hayter *et al.* 1997).

3. Rôle cellulaire

Après s'être intéressé à la physiopathologie des sphingolipides, nous allons maintenant étudier leurs rôles cellulaires. L'obésité et le diabète de type II sont les facteurs les plus fortement associés à la stéatose hépatique et à la stéato-hépatite. Après un résumé des différentes implications des sphingolipides dans la signalisation cellulaire, nous approfondirons leur rôle dans l'insulino-résistance, l'inflammation, la mort et la survie cellulaire.

3.1. Implications des sphingolipides dans la signalisation cellulaire

Ces dernières années, il a été montré que les sphingolipides jouent un rôle important dans la structuration et la stabilisation de microdomaines membranaires appelés « radeaux lipidiques » (lipid raft en anglais). De même, des études ont essayé de caractériser les voies métaboliques et les voies de signalisation des sphingolipides ainsi que les conséquences en terme de vie cellulaire. Ainsi, les Cer et leurs métabolites (S1P, C1P ...) sont impliqués comme premiers ou seconds messagers dans un grand nombre de voies de signalisation cellulaire et régulent l'homéostasie cellulaire (Figure 10).

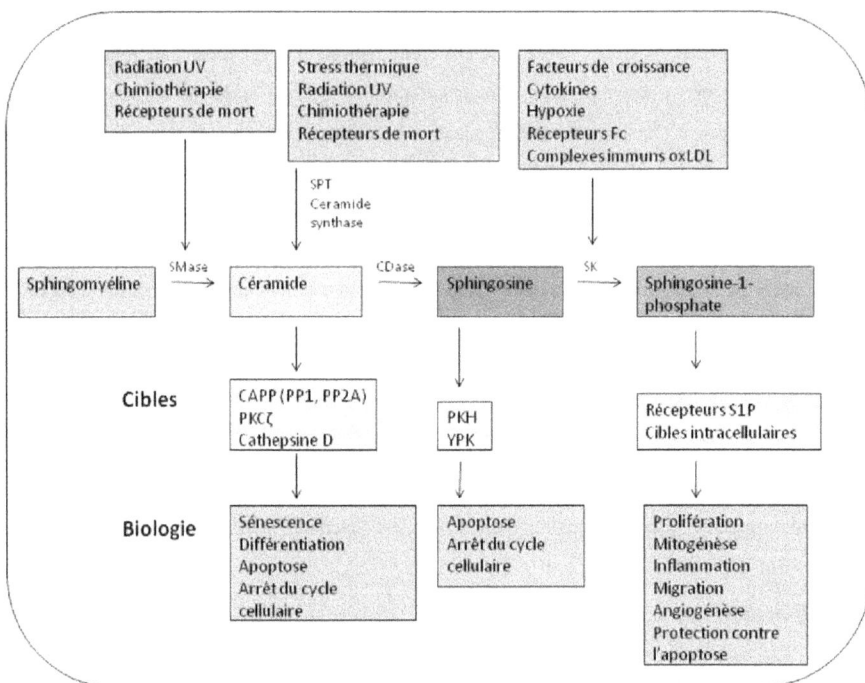

Figure 10: Cascades de signalisation dans lesquelles sont impliquées les sphingolipides (Hannun and Obeid 2008). *Le schéma montre la participation des céramides, de la sphingosine et de la sphingosine-1-phosphate dans la réponse biologique cellulaire.*

Les Cer, qui résultent de l'hydrolyse de SM sous l'activation d'une SMase, sont les plus importants seconds messagers et se forment quand la cellule est stressée par des agents tels que le TNFα, 1α,25-dihydroxyvitamine D3, l'interleukine 1 (IL-1), les rayons UV, les médicaments utilisés en chimiothérapie, l'antigène FAS et le facteur de croissance des nerfs (NGF) (Hannun and Obeid 2002). Ils sont notamment impliqués en réponse à divers agents de stress dans la régulation des processus de différentiation (Okazaki, Bell *et al.* 1989), d'apoptose (Obeid, Linardic *et al.* 1993), et dans la réponse inflammatoire (El Alwani, Wu *et al.* 2006). En effet, les céramides ont pour cibles des protéines telles que CAPP, PKCζ ou cathepsine D qui interviennent dans les phénomènes de sénescence, de différentiation, d'apoptose et l'arrêt du cycle cellulaire. La So est impliquée dans les processus d'apoptose et d'arrêt du cycle cellulaire via PKH et YPK. De même, la S1P résultant de la So via la SphK stimulée par des facteurs de croissance ou des cytokines, intervient via les récepteurs S1P et d'autres cibles intracellulaires dans les phénomènes de prolifération, de mitogénèse, d'inflammation, etc….

3.2. Rôle des sphingolipides dans l'insulino-résistance

L'insuline est une hormone hypoglycémiante sécrétée par le pancréas et plus précisément par les cellules β des îlots de Langerhans. Elle exerce ses effets métaboliques principalement au niveau du foie, du tissu adipeux et du muscle squelettique.

Les actions biologiques de l'insuline sont initiées par la liaison de l'insuline à son récepteur membranaire. Le récepteur possède une activité tyrosine/kinase qui permet une auto-phosphorylation du récepteur puis une phosphorylation des protéines substrats telles que les IRS (Insulin Receptor Substrate). Ces récepteurs activent des enzymes effectrices intracellulaires. Les deux voies majeures d'activation sont celles de la phosphatidylinositol-3 kinase (PI3K), activant la protéine kinase B (PKB) et impliquée dans les effets métaboliques et la voie des MAP (mitogen-activated protein)-kinases, impliquée dans les effets nucléaires, la croissance et la différentiation. En effet la PI3K génère un second messager, le phosphatidylinositol-3-4-5-triphosphate au niveau de la membrane plasmique, qui se lie à PKB. Ceci conduit à un recrutement au niveau membranaire de PKB et à un changement de sa conformation permettant la phosphorylation des résidus thréonines 308 et sérine 473 par PDK-1 et PDK-2 (phosphoinositide-dépendant kinase) respectivement et conduit à son activation. PKB joue donc un rôle essentiel dans l'abaissement de la concentration du glucose dans le sang et le dysfonctionnement de la voie de signalisation : PI3K/PKB pourrait ainsi être à la base de la résistance à l'insuline. En effet, il a été montré que des souris déficientes en Akt/PKB deviennent résistantes à l'insuline et diabétiques (Cho, Mu *et al.* 2001).

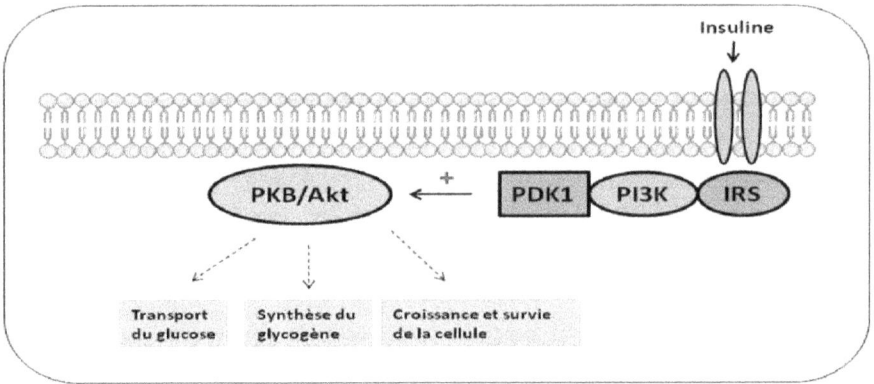

Figure 11: *Voie de signalisation de l'insuline* *(adaptée de Lipina and Hundal 2010). L'activation de PKB résulte de la stimulation de processus régulés par l'insuline tel que le transport du glucose et la synthèse de glycogène. IRS : Insulin Receptor Substrates, PI3K : Phosphatidylinositol-3-kinase, PDK1 : Phosphoinositide-dependant kinase, PKB: Proteine Kinase B.*

L'insuline a un rôle principal de stockage et d'utilisation cellulaire du glucose.

- Action sur le métabolisme du glucose

L'insuline provoque une diminution de la glycémie. Avant d'être utilisé, le glucose doit pénétrer dans les cellules. Son passage vers l'intérieur de la cellule nécessite la présence de protéines de transport spécialisées qui vont lui permettre de traverser la membrane plasmique. Ces transporteurs appelés Glut (glucose transporter) assure l'entrée du glucose par un mécanisme de diffusion facilitée. Les Glut sont codés par des gènes différents, et classés suivant l'ordre chronologique de leur découverte. Ce sont des glycoprotéines transmembranaires. La fixation du glucose sur la face extracellulaire de la membrane provoque un changement de conformation de la protéine, ce qui fait passer l'ose sur la face interne où il est libéré. Les transporteurs Glut s'expriment plus ou moins selon les types cellulaires et se distinguent par leur Km pour le glucose :

Tableau 4: Distribution tissulaire et Km des principaux transporteurs de glucose.

Nom	Distribution tissulaire	Km
Glut1	Ubiquitiste	5-7 mM
Glut 2	Foie, rein, intestin, cellules β pancréatiques	7-20 mM
Glut3	Cerveau	2 mM
Glut4	Muscle squelettique, TA	5 Mm
Glut5	Jéjunum, muscle squelettique, TA	5 mM pour le fructose

Donc l'insuline diminue la glycémie et favorise le transport du glucose via l'expression membranaire de Glut4 au niveau des muscles et des adipocytes.

- L'insulino-résistance

Les mécanismes responsables de la perte progressive de la sensibilité à l'insuline peuvent se situer à différents niveaux du métabolisme insulinique. Le mécanisme initial de l'insulino-résistance est une augmentation de la sécrétion pancréatique d'insuline.

Le contenu hépatique du foie en lipide est l'un des meilleurs marqueurs de l'insulino-résistance. La stéatose hépatique est en effet fortement corrélée à l'insulino-résistance.

Le dysfonctionnement du métabolisme des acides gras libres est un facteur déterminant menant à l'insulino-résistance. De même, au cours de l'obésité, la stéatose hépatique est associée à une insulino-résistance avec taux élevés d'insuline circulante. L'hyperinsulinémie est responsable d'un apport excessif d'acides gras au foie par augmentation de la lipolyse, augmentation de la synthèse des acides gras et des triglycérides par les hépatocytes, diminution du catabolisme des acides gras et de leur utilisation dans la synthèse des lipoprotéines et de la sécrétion de celles-ci (Figure 12). Le déséquilibre entre production d'une part, catabolisme et sécrétion d'autre part, aboutit à l'accumulation hépatique de triglycérides, et à la constitution hépatique d'une stéatose. Ce déséquilibre est favorisé par une résistance à l'insuline et une hyperinsulinémie. De même, l'hyperinsulinémie induit l'expression de SREBP1c responsable de la transcription des enzymes impliquées dans la lipogénèse de *novo*. On retrouve ainsi une forte augmentation d'acide oléique, provenant de cette synthèse, dans le foie stéatosique de l'homme ou de l'animal (Araya *et al.* 2004).

Cependant la stéatose hépatique peut apparaître chez des sujets insulino-résistants indépendamment de l'obésité. En effet, une lipogénèse hépatique accrue pourrait participer au développement de la stéatose hépatique, notamment lorsque l'alimentation est riche en glucides à haut index glycémique, induisant une sécrétion plus importante d'insuline que les glucides à index glycémique bas.

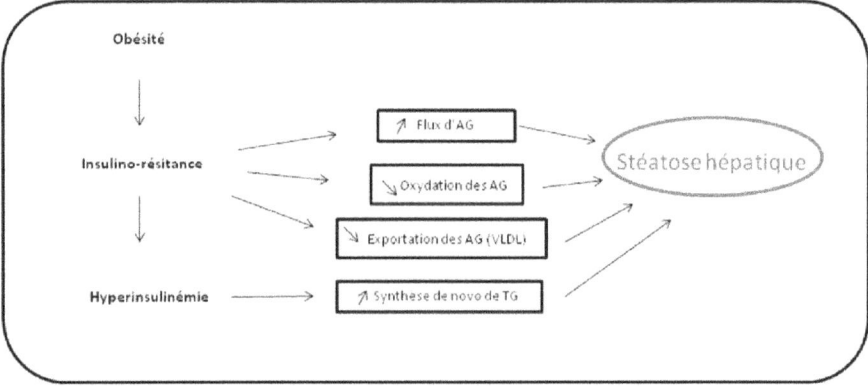

Figure 12: Conséquences hépatiques de l'insulino-résistance.

Les acides gras sont incorporés dans la synthèse de sphingolipide via la SPT et la CerS. En effet, une augmentation de l'expression de la SPT ainsi que l'incorporation d'acides gras ont été démontré chez des modèles de rats obèses et diabétiques. Un inhibiteur de SPT peut empêcher l'apoptose des cellules β et améliorer la sensibilité à l'insuline. L'obésité est un facteur majeur favorisant le développement du syndrome métabolique et l'accumulation de Cer entraine un affaiblissement de l'action de l'insuline.

Comme illustré dans la Figure 13 ci-dessous, l'excès en métabolites des acides gras (céramides, acyl-coA…) active toute une série de protéines de type sérine/thréonines kinases : des protéines kinases C mais aussi IKKβ et NFKB (nuclear factor KB). Donc cet excès de céramide va affecter les mécanismes de la voie de signalisation de l'insuline notamment par le biais d'une diminution de l'activation du système Akt/PKB via les PKC et notamment l'isoforme PKCξ, inhibant la voie de signalisation de l'insuline. En effet, le PKCξ, activé par les Cer inhibe la translocation de Akt/PKB. Parmi les nombreux substrats de ces kinases, se trouve le récepteur à l'insuline lui-même. Par exemple, au niveau du muscle, PKC inhibe IRS1, ce qui entraine son incapacité à recruter et activer la PI3K et donc implique une baisse de la translocation du transporteur de glucose GLUT4 à la surface de la membrane plasmique, limitant ainsi l'entrée du glucose (Figure 13).

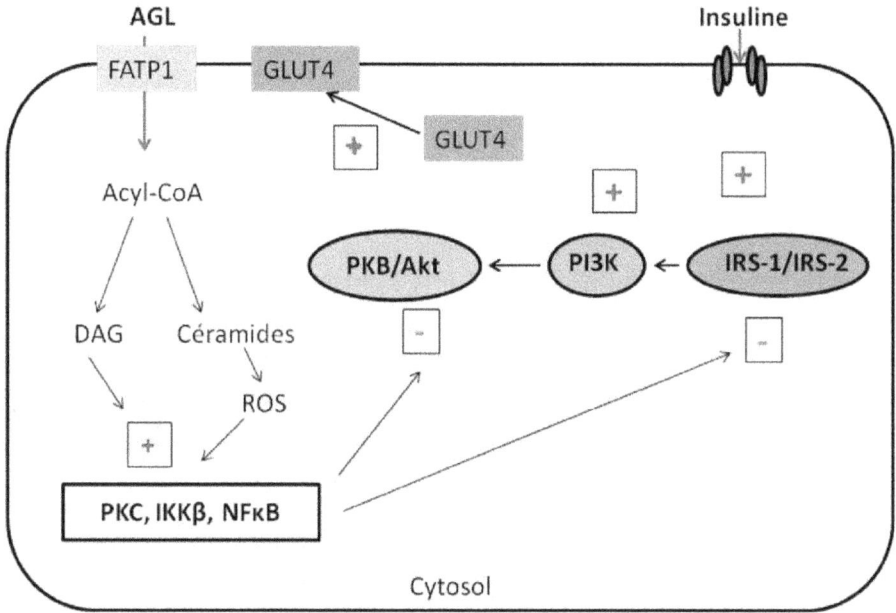

Figure 13: Acide gras et voie de signalisation de l'insuline dans le muscle *(Magnan 2006).*
L'excès de céramides affecte la voie de signalisation de l'insuline en diminuant l'activation du système PKB/Akt via PKC, IKKβ et NFκB. DAG : Diacylglycerol, PKC : Proteine Kinase C, PI3K : Phosphatidylinositol-3 kinase, IKKβ :

De même, des études ont démontré que les Cer favorisaient la déphosphorylation de Akt / PKB par la PP2A (Salinas, Lopez-Valdaliso *et al.* 2000). En effet les Cer intracellulaires vont générer l'activation de PP2A impliquant la déphosphorylation et donc l'inactivation de PKB (Figure 14). L'utilisation d'acide okadaique (inhibiteur de PP2A) sur des cellules PC12 ou des myotubes C2C12 contredit l'effet inhibiteur des céramides sur Akt/PKB (Salinas, Lopez-Valdaliso *et al.* 2000; Chavez, Knotts *et al.* 2003). PP2A et PKCξ semblent jouer un rôle dominant.

Schmitz-Peiffer a démontré que des myotubes en présence de palmitate (acide gras saturé), augmentent le niveau de céramide et inhibent simultanément la phosphorylation de la PKB (Schmitz-Peiffer, Craig *et al.* 1999). De plus, l'utilisation d'inhibiteurs d'enzymes impliquées dans la biosynthèse de Cer tels que la myriocine (inhibiteur de la SPT), la cyclosporine ou la fumonisine B1 empêchent une résistance à l'insuline induite par le palmitate (Powell, Turban *et al.* 2004).

Les GSL sont impliqués dans des fonctions de signalisation cellulaire comme ligands et comme modulateurs de l'activité des récepteurs. Dans le cas du récepteur à l'insuline, le ganglioside GM3 inhibe l'activité tyrosine kinase de ce récepteur (Figure14). De plus, l'implication des GSL dans l'insulinorésistance a été décrite aussi dans un modèle d'adipocytes 3T3-L1. L'insulinorésistance induite par le TNFα était accompagnée d'une surexpression du ganglioside GM3 causée par une augmentation de l'activité de la GM3 synthase (Tagami, Inokuchi Ji *et al.* 2002).

Yamashita et son équipe ont rapporté en 2003 (Yamashita, Hashiramoto *et al.* 2003) , que dans un modèle de souris KO GM3 synthase, l'incapacité de synthétiser le ganglioside GM3, favorisait la sensibilité à l'insuline, liée à une augmentation de la phosphorylation de son récepteur. Ces données indiquent que le GM3 joue un rôle important en régulant la sensibilité à l'insuline et pourrait être une cible thérapeutique potentielle dans le diabète de type II à travers une modulation négative des récepteurs à l'insuline.

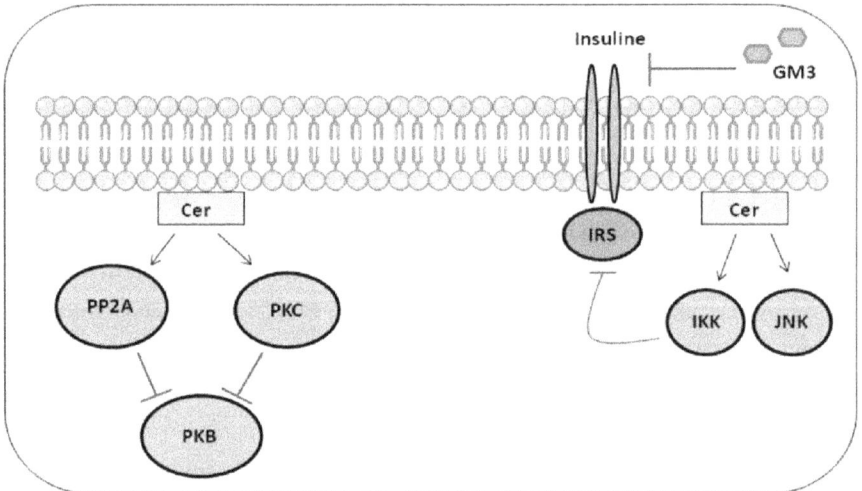

Figure 14: Schéma représentant la voie de signalisation de l'insuline et montrant les divers mécanismes par lesquels les sphingolipides perturbent l'action de l'insuline (adaptée de Holland and Summers 2008). *Les Cer inhibent PKB via PP2A et PKC. Le GM3 inhibe l'activité tyrosine kinase du récepteur à l'insuline.*

Ces résultats laissent suggérer qu'une surexpression du ganglioside GM3 peut jouer un rôle dans la pathologie du diabète de type II.

Le Glu-Cer interfère aussi dans la voie de signalisation de l'insuline. Lorsque la Glu-CerS est inhibée, il se produit une diminution du glucose sanguin ainsi qu'une réduction de l'hémoglobine glyquée et une amélioration de la sensibilité à l'insuline dans le muscle et le foie (Wennekes, Meijer *et al.* 2009). De même, cette inhibition corrige l'insulino-résistance dans des cultures d'adipocytes provenant d'individus obèses (Aerts, Ottenhoff *et al.* 2007).

Les thiazolidinediones, qui servent de ligands pour le récepteur nucléaire, le peroxysome proliferator-activated receptor (PPARγ) ont montré une réduction de l'insulino-résistance induite par les aliments (Hevener, Reichart *et al.* 2001). Le mécanisme par lequel PPARγ améliore la sensibilité à l'insuline n'est pas clairement élucidé. Cependant, des études ont révélé une insulino-résistance hépatique chez des rongeurs déficients en PPARγ dans le muscle. Dans le tissu adipeux, PPARγ est fortement exprimé. Le TNFα inhibe son expression. Les thiazolidinediones diminuent l'expression du TNFα et d'acides gras libres, ce qui abaisse le niveau en céramide chez des rongeurs insulino-résistants (Summers and Nelson 2005). Des études ont montré un rapport direct entre les sphingolipides et l'action des PPARγ. En effet, il a été montré en culture cellulaire d'adipocytes 3T3-F442A que le récepteur PPARγ était inhibé par la SM (Al-Makdissy, Bianchi *et al.* 2001).

3.3.   Rôle des sphingolipides dans l'inflammation

Les prostaglandines sont des médiateurs biologiques dans les processus pathologiques comme l'inflammation. L'acide arachidonique est un acide gras formé par dénaturation des phospholipides des membranes cellulaires, via l'activation de la phospholipase A2 (cPLA2). Ceci est la première étape limitante de la biosynthèse des prostaglandines. L'oxydation de l'acide arachidonique par les cyclooxygénases 2 (COX2) va ensuite former les prostaglandines. Ces dernières sont induites par des cytokines comme IL-1 et le TNFα qui régulent la cPLA2 et l'enzyme COX2. cPLA2 et COX2 sont donc les deux enzymes limitantes menant à la production de prostaglandines.

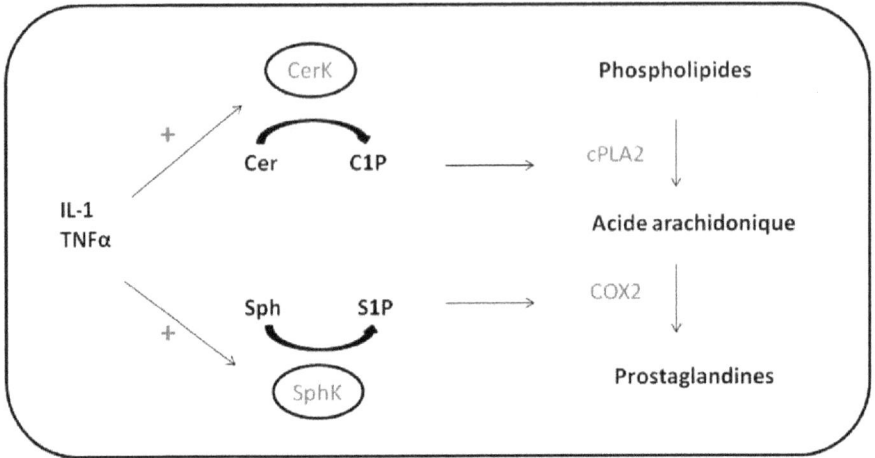

Figure 15: Sphingolipides et inflammation. *C1P et S1P agissent sur la production de prostaglandines via IL-1 et TNFα. CerK : Ceramide Kinase, SphK : Sphingosine Kinase, Cer : Céramide, C1P : Céramide-1-Phosphate, Sph : Sphingosine, S1P : Sphingosine-1-Phosphate, COX2 : Cyclo-oxygénase 2, IL-1 : Interleukine-1, TNFα : Tumor necrosis Factor.*

Des études récentes ont montré l'implication des sphingolipides dans la régulation de cPLA2 et COX2 (Figure 15). Il a été rapporté que l'activation de SphK1 par des cytokines et donc la formation de S1P jouent un rôle dans la réponse à l'inflammation. Il a été mis en évidence que la SphK1 et la S1P régulent les effets des cytokines (TNFα, IL-1) sur l'induction de la COX2 alors que la CerK et la C1P sont nécessaires pour l'activation et la translocation de cPLA2 cytoplasmique (Pettus, Bielawska *et al.* 2004). En effet, l'étude a demontré que la C1P induisait la libération d'acide arachidonique chez des cellules humaines de poumon A549, montrant que cPLA2 est l'enzyme clé entre la C1P et la production d'acide arachidonique. Pour cela, ils ont traités des cellules A549 avec du C1P. Cela a induit la translocation de cPLA2 du cytosol vers l'appareil de Golgi, connu comme le site de translocation en réponse à l'agoniste. Donc la C1P induit la libération d'acide arachidonique via l'activation de cPLA2 dans les cellules. De même, le traitement au TNFα augmente le niveau de S1P, impliquant une augmentation de la production de COX2 et donc de prostaglandines. Pettus a aussi démontré en 2005, que la cytokine IL-1β peut activer la SphK et la CerK, deux kinases régulant indépendamment COX2 et cPLA2. Les produits de ces deux enzymes, respectivement S1P et C1P stimulent synergiquement la production de prostaglandines. Une étude récente a révélé l'implication des céramides dans la mucoviscidose. La mucoviscidose est une maladie métabolique héréditaire, causée par la mutation du gène CFTR (Cystic Fibrosis Transmembrane Conductance Regulator), et les patients atteints souffrent d'inflammation pulmonaire chronique et d'infection microbienne du poumon. La forte sensibilité à l'infection de ces patients résulte donc de l'inflammation. L'équipe de Becker a mis en évidence l'accumulation de céramide dans la fibrose cystique au niveau pulmonaire chez la souris (Becker, Riethmuller *et al.* 2010).

Dans le tissu adipeux, on retrouve plusieurs types de cellule dont les cellules impliquées dans l'inflammation (et plus particulièrement les macrophages). Ces macrophages sont capables de sécréter des molécules pro-inflammatoires qui pourraient participer à l'inflammation systémique à bas bruit constatée dans l'obésité. Le récepteur nucléaire PPARγ est fortement exprimé dans le tissu adipeux et a des fonctions anti-inflammatoires. Il diminue la production de cytokines inflammatoires synthétisées par les macrophages activés. PPARγ est activé par divers métabolites de l'acide arachidonique provenant des voies de la cyclo-oxygénase et de la lipo-oxygénase, tels que PGJ2 (Forman, Tontonoz *et al.* 1995) et le 15-HETE (Willson and Wahli 1997). On observe un rôle antagoniste de la cytokine pro-inflammatoire TNFα sur PPARγ. Cette dernière inhibe l'adipogénèse par la régulation négative de PPARγ. Cependant, des études ont rapporté que l'expression de TNFα est réduite lorsque PPARγ est activé par des ligands (Vidal-Puig, Considine *et al.* 1997). De même, une inhibition partielle de la biosynthèse du Glu-Cer et donc des glycosphingolipides réduit le nombre de macrophage et donc l'inflammation locale (van Eijk, Aten *et al.* 2009). Aussi, PPARα semble limiter la réponse inflammatoire car il inhibe l'induction de l'expression du TNFα par le lipopolysaccharide (Marx, Mackman *et al.* 2001). En effet, PPARα est aussi connu pour son activité anti-inflammatoire. Il intervient dans la dégradation des médiateurs lipidiques (prostaglandines, leukotriènes B4) mais aussi, il inhibe les voies de signalisation de l'inflammation (inhibition de la voie NF-kB et des cytokines pro-inflammatoires).

3.4. Rôle des sphingolipides dans l'apoptose

Le concept d'apoptose, provenant d'une locution grecque signifiant « la chute des feuilles », a été mis en évidence en 1972 par John Kerr, Andrew Willie et Alastair Currie pour décrire le phénomène de mort cellulaire naturelle, qui est physiologiquement génétiquement programmée. La mort cellulaire programmée fait partie intégrante de la physiologie normale de l'organisme : ce phénomène intervient dans les cellules âgées ou endommagées, dans la dégénérescence des cellules surnuméraires, en particulier lors du développement embryonnaire ou le fonctionnement et l'homéostasie du système immunitaire. Cependant, il est vital pour l'organisme que ce phénomène soit régulé : une mort inappropriée va être aussi délétère à l'organisme qu'une prolifération excessive. Un dérèglement de l'apoptose ou de son contrôle est en effet impliqué dans de nombreuses pathologies. Une inhibition de l'apoptose conduit à une prolifération cellulaire, jouant un rôle fondamental dans le développement de cancers et les maladies auto-immunes. De même, une stimulation anormale de l'apoptose conduit à une perte cellulaire. Ce phénomène s'observe dans des maladies neurodégénératives telles que Parkinson (Lev, Melamed *et al.* 2003) ou Alzheimer (Shimohama 2000).

Il existe principalement deux voies majeures de l'apoptose : La voie extrinsèque impliquant les récepteurs appartenant à la famille des TNF (Tumor necrosis factor) et la voie intrinsèque mettant en jeu la mitochondrie et la libération du cytochrome c, molécule pro-apoptotique.

3.4.1. Les céramides

Une accumulation de Cer a été observée au cours de l'apoptose en réponse à de nombreux agonistes physiologiques ou environnementaux, de stimuli de stress ou agents cytotoxiques capables de moduler la synthèse et la dégradation des Cer. Aujourd'hui, différents agonistes tels que le TNFα (Jayadev, Linardic *et al.* 1994), les radiations ionisantes (Wright, Zheng *et al.* 1996), le ligand FAS (Cifone, De Maria *et al.* 1994), certaines hormones et cytokines (Catalan, Aragones *et al.* 1996), de nombreux agents pharmacologiques (Tettamanti, Prinetti *et al.* 1996), et agents de chimiothérapie (Hannun 1996) ont été bien décrits comme étant des stimulis agissant via la régulation de sphingolipides. Cette accumulation de Cer peut résulter d'une augmentation de la synthèse de novo (grâce à l'activation des CerS via la Sa) ou à partir de la SM via la sphingomyélinase acide (a-SMase) ou neutre (n-SMase).

Lahri et Futermann en 2007 ont mis en évidence le rôle opposé des Cer et de la S1P dans l'apoptose. La figure 16 rapporte la fonction des Cer comme étant des molécules pro-apoptotiques tandis que la S1P est impliquée dans des phénomènes de survie et de prolifération cellulaire.

Les Cer sont de puissants activateurs de sérine / thréonine protéines kinases et phosphatases (Dobrowsky and Hannun 1992), appelées CAPK ou CAPP (Ceramide activated protein phosphatase) appartenant à la famille des protéine phosphatase 2A (PP2A), protéines dont le rôle a récemment été démontré dans le contrôle de l'apoptose et l'arrêt de la croissance cellulaire. Ces enzymes ont pour cibles d'importants régulateurs de croissance et d'apoptose comme *c-jun*, la protéine kinase C, Raf, Ras, et Rac (Embade, Valeron *et al.* 2000) et vont activer des caspases effectrices, jouant un rôle crucial dans le processus d'apoptose. Les Cer peuvent également induire l'apoptose via la libération mitochondriale du cytochrome c, molécule pro-apoptotique. Les caspases sont ensuite activées et provoquent l'apoptose. De même, un stimulus peut activer l'enzyme a-SMase au niveau de la membrane plasmique, transformant la SM en Cer. Ceci permet la formation de plate-formes de membrane enrichies en Cer. Les Cer activent des protéines associées à des mécanismes d'apoptose. Ainsi, le récepteur Fas est activé et recrute un complexe composé d'une molécule adaptatrice FADD (Fas associated death domain) et de la pro-caspase 8. La formation de ce complexe va activer les caspases impliquées dans l'apoptose. La double liaison en C4-C5 est responsable de l'activité biologique des Cer. Elle est essentielle pour l'induction de l'apoptose. En effet, altérer l'activité de la SMase dans les cellules agit sur la production de Cer à partir de la SM et peut conférer une sensibilité ou une résistance à l'apoptose. Par exemple, en réduisant l'expression de l'a-SMase à travers une génération de souris déficientes réduit l'apoptose (Santana, Pena *et al.* 1996). Des études ont montré que l'association de l'activation de la n-SMase et de l'inhibition de la SMS en réponse au TNFα résultait en l'accumulation de Cer dans un modèle de cellules cancéreuses Kim-1 et conduisait à la mort cellulaire (Bourteele, Hausser *et al.* 1998).

L'étude de Dbaido réalisée en 2001 a démontré qu'une inhibition des différentes voies menant à la formation de Cer dans des cellules cancéreuses du sein MCF7 ou des cellules de fibrosarcomes L929 de souris traitées au TNFα induisant l'apoptose, impliquait un retard de la mort cellulaire. De même, une stimulation de la synthèse de novo avec du PSC-833 (Goulding, Giuliano *et al.* 2000) augmente la production de Cer et permet une plus grande réponse à l'apoptose. Les Cer et plus généralement les sphingolipides et leur métabolisme pourraient être considérés comme une cible potentielle pour améliorer l'efficacité dans la thérapie du cancer (Modrak, Gold *et al.* 2006).

3.4.2. Sphingosine

La So est formée par déacylation des Cer. C'est la base sphingoïde la plus fréquente chez les mammifères. La So a été décrite comme ayant des effets sur diverses voies de signalisation. Elle peut inhiber la protéine kinase C et stimuler l'apoptose (Maceyka, Payne *et al.* 2002).

Des neutrophiles humains traités au TNFα entrainent une augmentation du taux de So, induisant l'apoptose (Cuvillier 2002; Woodcock 2006).

Au cours des dernières années, il a été montré que les sphingolipides pouvaient interagir avec les différentes isoformes du récepteur activé par les poliférateurs de peroxysomes (PPAR) et que le céramide C2 pouvait moduler l'expression de PPARγ. Le céramide C2 induit l'apoptose via la voie dépendante de PPARγ (Wang, Lv *et al.* 2006). Aussi, l'activation de PPARγ par un ligand, le troglitazone (TGZ) cause l'inhibition de la prolifération. Le TGZ associé à l'ATRA (all-trans-retinoic acid) inhibent la croissance et induisent l'apoptose des cellules MCF7 (Elstner, Muller *et al.* 1998).

3.5. Rôle des sphingolipides dans la prolifération cellulaire

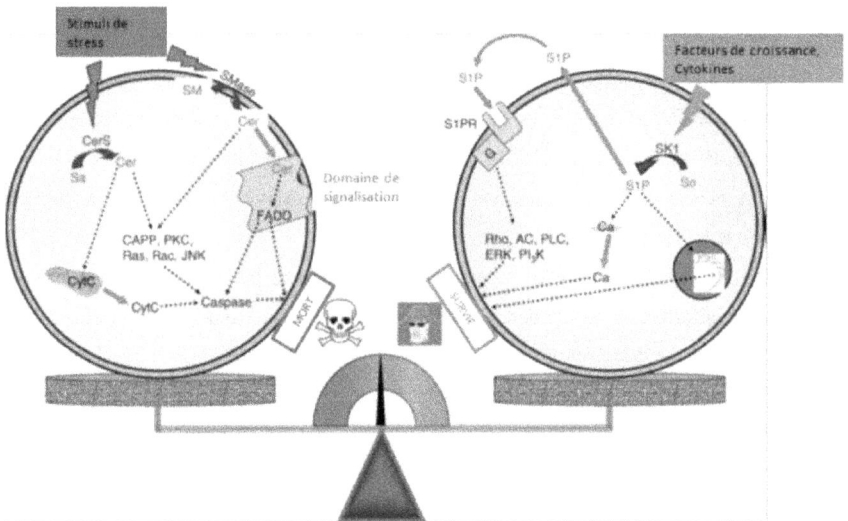

Figure 16 : Rôle des céramides et de la S1P dans la vie et la mort cellulaire (adaptée de Lahiri and Futerman 2007). Un certain nombre de voies de signalisation régulées par les céramides et la S1P sont représentés.

3.5.1. Sphingosine Kinase (SphK) / Sphingosine-1-phosphate (S1P)

La S1P est sécrétée dans de nombreux types de cellules et peut agir en tant que premier ou second messager. Elle peut stimuler des récepteurs couplés aux protéines G, les récepteurs

S1P, S1p1 – S1p5 (Goetzl and Rosen 2004). Ils vont activer des effecteurs comme Rho, l'adénylate cyclase, la phospholipase C, ERK, PI3K (phosphatidylinositol 3-kinase), responsables de la survie de la cellule.

La S1P peut également agir en tant que second messager et activer des voies de signalisation différentes de celles activées par la voie des récepteurs. De nombreux signaux extracellulaires tels que les facteurs de croissance, les cytokines, vont augmenter le niveau intracellulaire de S1P en activant la SphK (Figure 17). Cette stimulation requiert PKC, la phospholipase D (PLD) et ERK qui agissent en amont de SphK1 (Pitson, Moretti et al. 2003). Il a été vu précédemment que la SphK avait deux isoformes SphK1 et SphK2. SphK1 est impliquée dans les phénomènes de survie cellulaire et est majoritairement cytosolique tandis que SphK2 est associée au réticulum endoplasmique et induit l'apoptose (Okada, Kajimoto et al. 2009). Le S1P intracellulaire implique la mobilisation de calcium et la synthèse d'ADN.

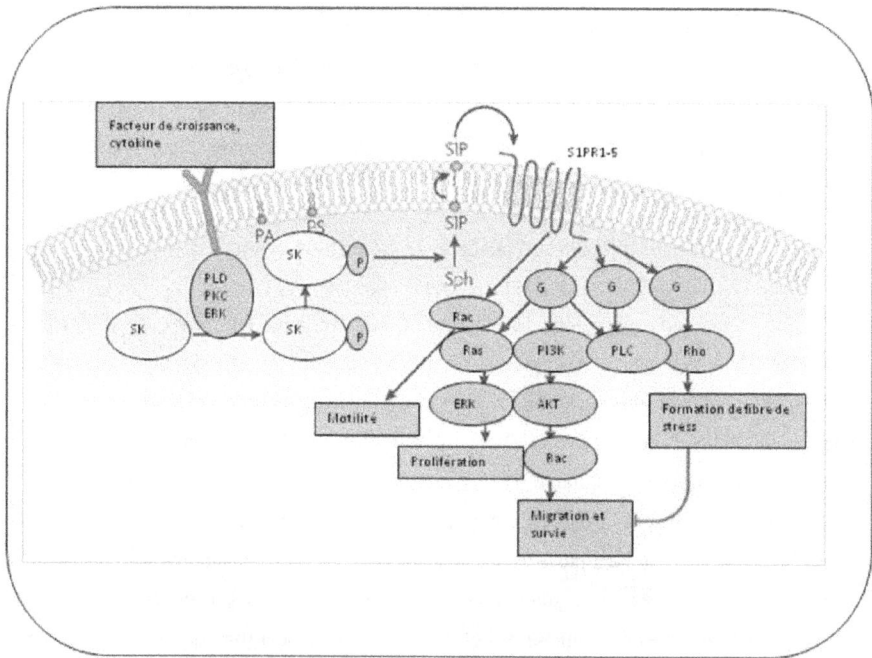

Figure 17: Voies de signalisation de la SK et des récepteurs S1P *(adaptée de Hannun and Obeid 2008). La S1P est activée via la SK et stimule via les récepteurs S1P des effecteurs impliqués dans la motilité, la prolifération, la formation de fibres de stress et dans la migration et la survie. SK : Sphingosine Kinase, Sph : Sphingosine, S1P : Sphingosine-1-Phosphate.*

Ainsi, SphK1 est une enzyme qui joue un rôle vital pour la balance entre la survie et la mort cellulaire en régulant les taux de So, céramide et de S1P. Elle permet une augmentation du niveau de S1P et une diminution du niveau de céramide responsable de l'apoptose.

Enfin, il a été rapporté que sur une lignée cellulaire de neuroblastome humain IMR-32, la S1P aurait un effet inhibiteur sur PPARγ (Rodway, Hunt *et al.* 2004), PPARγ étant impliqué dans la différentiation cellulaire et la prolifération. De même, l'activation de PPARβ exerce des effets prolifératifs et anti-apoptotiques via la voie PI3K/Akt (Pedchenko, Gonzalez *et al.* 2008).

3.5.2. Céramide 1-phosphate / Céramide kinase

Aussi, des études ont montré que le C1P provenant de la phosphorylation de céramide par la CerK, serait un inhibiteur de CAPP (Chalfant and Spiegel 2005), une protéine en lien avec l'apoptose induite par les Cer. Donc le C1P généré par CerK a un rôle opposé à celui des Cer, c'est-à-dire qu'elle est impliquée dans la survie cellulaire.

Une interaction entre PPARβ et CerK a été montrée sur une lignée cellulaire de kératinocytes murins SP1. Les Cer sont capables d'activer PPARβ et ce dernier induit l'expression du gène de la CerK (Tsuji, Mitsutake *et al.* 2008) aboutissant à la formation de C1P et à la diminution du niveau de Cer, impliqué dans des phénomènes de prolifération cellulaire.

3.5.3. Glucosylcéramide / Glucosyl-céramide synthase

Les Cer peuvent être glycosylés dans l'appareil de Golgi pour former séquentiellement les Glu-Cer sous l'action de la glucosyl-céramide synthase (Glu-CerS) puis les lactosyl-céramides (Lac-Cer) sous l'action de la lactosyl-céramide synthase (Lac-CerS).

Des études ont montré que la voie de conversion des Cer en Glu-Cer peut être impliquée dans le contrôle de la réponse cellulaire (Bleicher and Cabot 2002). En effet, la régulation de Glu-CerS joue un rôle déterminant dans la régulation du niveau de Cer et l'orientation de la cellule vers la prolifération ou l'apoptose. L'accumulation des Cer au cours du processus apoptotique serait potentialisée par une diminution de l'activité Glu-CerS (Tepper *et al.* 2000). Inversement, les voies de synthèse des glycosphingolipides sont impliquées dans le contrôle de la prolifération cellulaire. Le rôle pro-prolifératif du Glu-Cer a aussi été démontré par de nombreuses études mettant en jeu des activateurs pharmacologiques de la Glu-CerS menant à la formation de Glu-Cer. De plus, le Glu-Cer induit l'activation de kinases dépendantes des cyclines du cycle cellulaire, en réponse à des facteurs de croissance, comme l'IGF-1 (insulin-like growth factor 1) (Rani, Abe *et al.* 1995).

3.5.4. Sphingomyéline / sphingomyéline synthase

Les Cer peuvent être convertis en SM sous l'action d'une SMS. Cette réaction s'accompagne de la formation de diacylglycérol (DAG). Ce dernier active la PKC, impliquée dans les phénomènes de survie de la cellule.

4. Objectif de l'étude

On a pu voir que différents sphingolipides tels que les céramides ou la SM intervenait avec PPAR. Ainsi, les sphingolipides interagissent avec différents éléments régulateurs du métabolisme énergétique au sein des hépatocytes. Néanmoins, aucune étude ne s'est intéressée à la régulation des enzymes de biosynthèse des sphingolipides par les récepteurs nucléaires LXR et PPARα qui sont des régulateurs majeurs du métabolisme hépatique des lipides. Ce travail a donc porté sur l'étude de la régulation transcriptionnelle des gènes impliqués dans la biosynthèse des sphingolipides via les récepteurs LXR et PPARα et des conséquences de ces régulations sur la composition hépatique en sphingolipides.

LXR et PPARα sont des récepteurs nucléaires de classe II (Mangelsdorf and Evans 1995). Ils entrainent des modifications transcriptionnelles lorsqu'ils sont activés par la liaison à un ligand d'origine endogène ou exogène. Ils possèdent de ce fait deux domaines complémentaires : un domaine de liaison au ligand et un domaine de liaison à l'ADN permettant la reconnaissance de séquences d'ADN spécifiques. Ces récepteurs se lient à l'ADN sous forme d'hétérodimères avec le récepteur X ou RXR.

Il existe deux isoformes de LXR : LXRα (Willy, Umesono et al. 1995) qui est principalement exprimé dans le foie et LXRβ (Teboul, Enmark *et al.* 1995) qui a quant à lui, une expression ubiquitaire (Auboeuf, Rieusset *et al.* 1997).

Le récepteur nucléaire PPAR comporte trois isoformes : α, β/δ et γ (Issemann et Green 1990). De façon générale, ces récepteurs sont des régulateurs clés de l'homéostasie glucidique, du métabolisme des lipides, de la prolifération et différentiation cellulaire. A côté des acides gras poly-insaturés qui sont des ligands endogènes des récepteurs PPAR, les fibrates (hypolipidémiants) sont aussi des ligands de PPARα retrouvé en grande quantité dans le foie. Les PPARs ont une expression variable dans les tissus suivant leur fonction. PPARα est fortement exprimé dans le foie où il régule l'expression des gènes impliqués dans la β-oxydation. PPARβ a une expression ubiquitaire et des études ont montré son implication dans le développement de tumeur dans différents types de cellules (Kliewer, Forman *et al.* 1994). PPARγ, lui est fortement exprimé dans le tissu adipeux et intervient dans la différentiation adipocytaire (Chawla and Lazar 1994).

Dans le cadre de cette étude, nous nous sommes focalisés uniquement sur l'isoforme α qui est plus particulièrement impliquée dans la régulation du métabolisme lipidique et principalement exprimée dans les tissus à forte activité catabolique vis-à-vis des acides gras comme le foie, le cœur et les reins (Bookout, Jeong *et al.* 2006).

Pour cela, nous avons eu recours à l'administration *in vivo* chez la souris de ligands synthétiques spécifiques de ces récepteurs. D'une part, nous avons traité des souris de type sauvages (LXRα$^{+/+}$β$^{+/+}$) ou déficientes pour les récepteurs nucléaires LXR (LXRα$^{-/-}$β$^{-/-}$) avec l'agoniste spécifique des LXR (T0901317) ou avec le véhicule seul (Schultz, Tu *et al.* 2000). Dans une expérience indépendante, des souris de type sauvage (PPARα$^{+/+}$) ou déficientes pour le récepteur PPARα (PPARα$^{-/-}$) ont été traitées avec un agoniste spécifique de PPARα, le Fénofibrate (Krey, Braissant *et al.* 1997; Mukherjee, Sun *et al.* 2002; Thomas, Bramlett *et al.* 2003), ou uniquement avec un véhicule. Pour chacune de ces deux expériences, nous avons ensuite mesuré au niveau hépatique la modulation de l'expression de plusieurs gènes impliqués dans la voie de biosynthèse des sphingolipides. Seuls les gènes impliqués dans les premières étapes de la voie de biosynthèse des sphingolipides ont présenté des modulations suite à l'activation de ces récepteurs nucléaires. Nous avons ensuite évalué les conséquences potentielles de ces modulations transcriptionnelles sur les activités enzymatiques des produits des gènes modulés ainsi que sur les sphingolipides substrats ou produits de ces réactions enzymatiques.

II. MATERIELS ET METHODES

1. Expérimentation animale

Les études in vivo ont été réalisées conformément aux directives européennes concernant l'expérimentation animale.

La lignée murine transgénique pour LXRα-/-β-/- produite par l'équipe de D.J. Mangelsdorf (Repa and Mangelsdorf 2000) ainsi que la lignée de type sauvage du même fond génétique hybride (C57BL/6J) nous ont été généreusement donnée par le Pr J.M. Lobaccaro de l'Université de Clermont Ferrand. Ces souris sont entretenues dans l'animalerie de l'INRA de Toulouse au sein de l'équipe de Toxicologie Intégrative et Métabolisme. Les souris utilisées sont uniquement des mâles.

La lignée murine transgénique pour PPARα-/- sur un fond génétique C57BL/6J (Lee, Pineau *et al.* 1995; Costet, Legendre *et al.* 1998) a été élevée et entretenue à l'animalerie de l'INRA de Toulouse au sein de l'équipe de Toxicologie Intégrative et Métabolisme. Seul des souris mâles ont été utilisées pour cette étude. Les souris mâles C57BL/6J, de même âge, constituant le groupe sauvage ont été obtenues chez Charles River (Les Oncins, France) et acclimatées aux conditions de l'animalerie pendant 3 semaines. Dans toutes expériences, les souris ont été hébergées en groupe de 5 à 6 individus dans des cages en polycarbonate, à une température de 21°C (+/-2°C), avec un rythme nycthéméral de 12/12 heures et un libre accès à l'eau et à la nourriture (régime standard, Teklad Global 18% Protein Rodent Diet, Harlan France).

1.1. Traitement des souris avec un agoniste de LXR : le T0901317

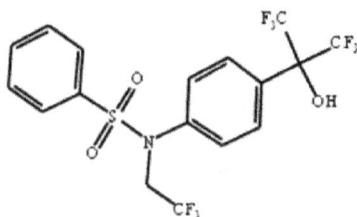

Figure 18: Le T0901317

Des souris des deux génotypes (sauvage ou LXRα-/-β-/-) âgées de 19 semaines ont été gavées avec un agoniste de LXR, le T0901317 (30mg/kg/j) ou le véhicule seul (0,5% m/v carboxyméthyl-cellulose, 0,5% m/v Tween 80, eau milliQ), pendant 4 jours (n=5 souris/lot).

1.2. Traitement des souris avec un agoniste de PPARα : le Fénofibrate

Des souris des deux génotypes : sauvages ou PPARα-/- âgées de 10 à 11 semaines ont été gavées avec un agoniste de PPARα, le Fénofibrate (100mg/kg/j) ou le véhicule seul (3% gomme arabique, eau milliQ) pendant 10 jours (n=6 souris/lot).

2. Analyse Quantitative par PCR en temps réel

2.1. Design des amorces

Les amorces sont dessinées avec le logiciel Primer express (Applied Biosystems) sur des exons séparés par un intron de grande taille (plus de 1kb) afin d'éviter d'amplifier de l'ADN génomique. Les séquences d'amorces utilisées sont indiquées dans le (Tableau 5).

Tableau 5: Séquence des amorces de gènes utilisées pour la PCR quantitative

Gènes	Numero d'accession GenBank	Primer sens (5' à 3')	Primer Antisens (5' à 3')
Sptlc1	NM_009269	CAGTGGGTGCTGGTGGAGA	AGGATTCCTTCCAAAATAAGATGGT
Sptlc2	NM_011479	CAGCACCGCCACCGTC	TGAGTACGCCATAGCCCACA
Kdsr	NM_027534	CACCAGACACCGACACGC	GCAAATAGCTGTGGTCTCTGAGATAA
Lass1	NM_138647	TGACCCGCCCTCTGTCTTC	ACCACCGAGTCCTTACGCC
Lass2	NM_029789	CAGCTCTGCACCGGACG	GGTTAAGTTCACAGGCAGCCAT
Lass3	NM_001164201	AAGCATTCCACAAGCAAACCA	GTTTTGCTTCTGCCGAATCCTA
Lass4	NM_026058	AGTCTTCTTCTACACGCGCCTC	TGTAGCATCACCAAGAGCACAAT
Lass5	NM_028015	CTACCTAATTGTCCAGACTGCTTCC	AGAGAGGTTGTTTTTGTGGGTTG
Lass6	NM_172856	TTGCAAAACTGTTTCAAAAGGC	ACCGCTGGTTCCGTTGGT
Degs1	NM_007853	ATGACTTCCCCAACGTTCCTG	CGGGAGGTCATCATCGTAGTACTCACT
Degs2	NM_027299	GGTTACTACCTGCCACTGGTGC	GGTCCTTCGCCAGCTTACAC
Asah1	NM_019734	ACGTATCCTCCTTCTGGACCAAC	AATTCATGCCATCTTTTGTAGGG
Asah2	NM_018830	GAGCAGATTGCACAGGACAAGT	CAGCCTGGTGAGGAGACCC
Sphk2	NM_020011	GCCCTCACGTGTCTCCTCC	CGCCCCCCAAAGGGA
Sgms1	NM_144792	AGCGGTACCCAGGACAGAC	CAGCTCCATCAGCCACTGAA
Sgms2	NM_028943	GATCATCTGCATTCTCGTAGCG	GACAAGAAGTTCGTCTGGGAAGAG
Nsmaf	NM_010945	AACGCTTCTCTGACAGACTCCC	CGATATTACTCCAGGCCAGAGTTC
Smpd1	NM_011421	TGGTTACCAGCTGATGCCC	AGGCGGAGGCCAGGG
Ugcg	NM_011673	CTTGGAGACATTCTTTGAACTGGATTA	AATTTCTTACATACATCAATGGCTGG
Gba	NM_008094	CTCAGATCCTACTTCTCTACCAACG	AGACACGGATGGAGAAGTCACA
Ugt8a	NM_011674	TTAGAATGGAATACAGTTACTGAAGGAGAG	ACAGGGTGGCCGGGTT
Galc	NM_008079	AAAAGTGGAGATAGGTGGTGATGG	GCATGTGCGAGGGTTCAGT
Accα	NM_133360	TTACAGGATGGTTTGGCCTTTC	CAAATTCTGCTGGAGAAGCCAC
Fas	NM_007988	AGTCAGCTATGAAGCAATTGTGGA	CACCCAGACGCCAGTGTTC
Cyp7a1	NM_007824	AGCAACTAAACAACCTGCCAGTACTA	CAAGGAGGCTCTGCGGC
Acox1	NM8015729	CAGACCCTGAAGAAATCATGTGG	CAGGAACATGCCCAAGTGAAG
Cyp4a14	NM_007822	TCAGTCTATTTCTGGTGCTGTTC	GAGCTCCTTGTCCTTCAGATGGT
Tbp	NM_013684	ACTTCGTGCAAGAAATGCTGAA	GCAGTTGTCCGTGGCTCTCT

2.2. Test des amorces

Chaque couple d'amorce a été testé par PCR en temps réel en utilisant des ADNc provenant de foie de souris C57BL/6J. Les amorces ont été testées aux combinaisons de concentration suivantes : 900 nmol d'amorce forward (F) / 900 nmol pour l'amorce reverse (R) ;

300F/300R ; 300F/900R ; 900F/300R. Les expériences de PCR quantitative en temps réel ont été réalisées sur un appareil ABI Prism 7000 SDS (Applied Biosystems, Courtaboeuf, France) en utilisant le programme de *qPCR* standard. Parmi les conditions expérimentales permettant une bonne amplification, une courbe de dissociation avec un pic unique et montrant l'absence de dimères d'amorces, nous avons sélectionné celles pour lesquelles l'amplification était la plus précoce au cours de la PCR.

2.3. Quantification des ARNm par PCR en temps réel

Les ARNtotaux ont été extraits à partir de 50mg de foie broyé dans 1mL de Trizol Reagent (Invitrogen, France) dans des tubes à billes Lysing Matrice D sur un appareil Fast-Prep (10s, vitesse 4 ; Qbiogene, France). Après centrifugation (12000g, 10s), le lysat a été récupéré et transféré dans un tube stérile RNAse-free de 1,5mL. Après l'addition de 0,2mL de chloroforme, agitation (15s), décantation (5min, température ambiante) et centrifugation (16200g, 4°C, 10min), la phase aqueuse a été récupérée, en prenant soin de ne pas prélever d'ADN génomique à l'interphase, et transférée dans un nouveau tube. L'ARN a été précipité par ajout de 0,5mL d'isopropanol, homogénéisation par retournements et incubation à température ambiante (5min), puis il a été culoté par centrifugation (10min, 16200g, 4°C). Le surnageant a été éliminé à la pompe à vide, le culot d'ARN lavé avec 1mL d'éthanol à 75% puis récupéré par centrifugation (10min, 16200g, 4°C). Après élimination du surnageant, l'ARN a été repris dans 200µL d'eau RNAse-free.

La concentration des ARN totaux a été mesurée au Nanodrop 1000 (Thermo Scientific, France). Les ratios des absorbances à 260/230nm et 260/280nm permettent respectivement de mettre en évidence la présence résiduelle de phénols et protéines. La qualité des ARNs a été appréciée par électrophorèse (100V, 15min) de 1µg d'ARN dans du tampon de charge (1µg ARN ; 1µl tampon de charge 6X : 40% TBE, 60% Glycérol, bleu de bromophénol ; H$_2$O qsp 6µL) sur gel d'agarose (1%, TBE, BEt). Les ARNs ont été visualisés avec un éclairage ultraviolet avec l'appareil GelDoc (Biorad) en utilisant le logiciel Quantity One (Biorad).

L'ARN (2µL) a été rétro-transcrit à l'aide du kit High-capacity reverse transcription kit (Applied Biosystems, France). Le kit a été utilisé selon les recommandations du fournisseur. Les ADNc issus de la transcription inverse ont été dilués au vingtième pour éviter d'inhiber la réaction de PCR. Les réactions de qPCR (25µL volume final) ont été réalisées à l'aide de

12,5µL de mix Sybr Green (Power Sybr Green Master Mix, Applied Biosystems), de 7,5µL d'amorces (concentration finale dans le mix réactionnel de 300nM (1µl) ou 900nM (3µl) selon les amorces) et de 5µl d'ADNc dilué. Les expériences de PCR quantitative en temps réel ont été réalisées sur un appareil ABI Prism 7000 SDS (Applied Biosystems, Courtaboeuf, France) en utilisant le programme de *qRT-PCR* standard. Les données de fluorescence ont été analysées avec le logiciel LinReg PCR (Ruijter, Ramakers *et al.* 2009) qui permet d'estimer l'efficacité de PCR et une concentration relative en ARNm initiale de chaque échantillon via une régression linéaire effectuée sur la phase exponentielle (données transformées en log) de la courbe de PCR. Les données d'expression des gènes d'intérêts ont été normalisées par rapport à l'expression de la TATA-box binding protein (TBP), dont l'expression ne varie pas en fonction du traitement ni du génotype.

3. Dosage des lipides hépatiques

Le dosage des triglycérides totaux a été réalisé sur le plateau technique de Lipidomique du Genopole de Toulouse selon les protocoles d'extraction et les modes opératoires en vigueur (http://metasys.insa-toulouse.fr/plateforme_metabolome).

3.1. Dosage des triglycérides totaux

Environ 50mg de foie ont été broyés au Fast Prep (20s, vitesse 6,5 ; Qbiogene, France) dans des tubes Lysing Matrice D dans 1mL de solution EGTA/MeOH (EGTA 5mM 50%, MeOH 50% v/v). Le broyat a été récupéré et l'étalon interne ajouté : 6µg de triglycérides (l'acide gras estérifié 3 fois est le C17:0, étalon interne pour les triglycérides).

Puis, 2,5mL de méthanol, 2,5mL de $HCCl_3$ et 2,5mL d'eau ont été ajoutés, la solution a été ensuite vortexée puis centrifugée (2min, 1500g). La phase organique inférieure a été récupérée et mise à évaporer sous flux d'azote à 40°C. Les lipides neutres ont été repris dans 30µL d'acétate d'éthyle, puis analysés en chromatographie en phase gazeuse (Focus, Thermo-Electron, France) avec les paramètres suivants : colonne apolaire (5m x 0.32µm, Zebron 1), gaz vecteur : hydrogène (3mL/min), température initiale dans la colonne : 200°C puis augmentation de 5°C par minute pour atteindre 350°C, maintien de la température de 350°C pendant 5min, température du détecteur à ionisation de flamme : 345°C. Les triglycérides ont été identifiés grâce aux temps de rétention obtenus avec les standards commerciaux.

3.2. Dosage des acides gras totaux

Environ 50mg de foie ont été broyés au Fast Prep (20s, vitesse 6,5 ; Qbiogene, France) dans des tubes Lysing Matrice D dans 1mL de solution EGTA/MeOH (EGTA 5mM 50%, MeOH 50% v/v). Les broyats ont été tranférés dans des tubes en verre vissés. Puis, 2µg de triglycérides (l'acide gras estérifié 3 fois est le C17:0, étalon interne pour les triglycérides) ont été ajoutés au broyat comme étalon interne. Ensuite, 1mL d'hexane ainsi que 1mL de réactif BF$_3$/MeOH. (10% w/w) ont été ajoutés à la solution, l'ensemble a ensuite été vortéxé. Les tubes ont été mis sous azote, bouchés puis placés dans un bain de sable (1heure, 100°C). L'azote permet de prévenir une oxydation des lipides pendant la saponification/méthylation. Ensuite, 1mL d'eau ainsi que 2mL d'hexane ont été ajoutés et l'ensemble a été agité. La phase organique supérieure a été récupérée puis séchée sous flux d'azote à 40°C. Les esters méthyliques ont été repris dans 30µL d'acétate d'éthyle, puis en chromatographie en phase gazeuse (HP5890, Agilent, France) avec les paramètres suivants : colonne apolaire (30m x 0.32µm, Famewax), gaz vecteur : hydrogène (70kPa), température initiale dans la colonne : 70°C puis augmentation de 20°C par minute pour atteindre 130°C, puis augmentation de 2°C par minute pour atteindre 240°C maintient de la température de 240°C pendant 2min, température du détecteur à ionisation de flamme : 245°C. Les esters méthyliques d'acides gras ont été identifiés grâce aux temps de rétention obtenus avec les esters méthyliques des standards commerciaux.

4. Dosage des sphingolipides hépatiques

4.1. Extraction des bases sphingoïdes hépatiques

50mg de foie ont été prélevés et placés dans des tubes Lysing Matrice D. L'échantillon a été broyé au Fast Prep (4 x 10s, vitesse 4, espacés de 30s ; Qbiogene, France) dans 1mL d'eau milliQ. Le surnageant a été prélevé puis sonique à 4°C (5 pulses de 5s espacés de 30s dans la glace, 30% de la puissance maximale, 25Hz ; VibraCell 72434 Bioblock Scientific).

Après centrifugation (16200g, 15min, 4°C), 700µL de surnageant ont été prélevés, congelés dans de l'azote liquide puis lyophilisés pendant une nuit. 2mL d'acétate d'éthyle ont été ajoutés sur le lyophilisat. La solution a alors été agitée 5 min, incubée 5 min à 40°C, de nouveau agitée 5 min, centrifugée (5 min, 4000g à 4°C) et le surnageant a été éliminé. Cette opération a été répétée trois fois. Le culot a alors été extrait par 2mL de HCCl₃/MeOH (contenant 0,6N de NaOH) (1:1, v/v). Comme précédemment, la solution a été agitée 5 min, incubée 15 min à 40°C et centrifugée (5min, 4000g, 4°C). Cette fois, le surnageant a été collecté. Le culot a été à nouveau extrait avec 1,5mL de HCCl₃/MeOH (0,6N NaOH) (1:2, v/v) suivant la même procédure d'agitation, d'incubation, de centrifugation et le surnageant collecté a été ajouté au précédent. 5mL de HCCl₃ /H₂O alcaline (400μL NH₄OH 2N dans 1L d'eau distillée) (1:4, v/v) et 100μL de NaOH 3N ont été ajoutés à la fraction collectée. Le mélange a été agité vigoureusement avant d'être centrifugé (5min à 4000g et 4°C). La phase aqueuse supérieure a été éliminée. La phase organique inférieure a alors été lavée deux fois avec 1mL d'H₂O alcaline, en agitant vigoureusement puis en centrifugeant (5min à 4000g et 4°C), et les phases aqueuses supérieures ont été éliminées. 2mL de NaOH (0,6N dans le MeOH) ont alors été ajoutés dans les échantillons qui ont ensuite été incubés 1 heure à 40°C. Nous avons alors ajouté dans chaque échantillon 1,6mL d'H₂O alcaline et le mélange a été agité vigoureusement avant d'être centrifugé (5min à 4000g et 4°C). Le surnageant a été éliminé et les échantillons ont été lavés trois fois avec 1mL d'une solution de HCCl₃/MeOH/H₂O alcaline (3:48:47, v/v/v). Les surnageants ont été éliminés à chaque lavage et la phase organique inférieure contenant les bases sphingoïdes a été séchée juste avant dérivatisation.

4.2. Dosage des bases sphingoïdes couplées à l'ortho-phtaldialdehyde

Le réactif à l'ortho-phtaldialdehyde (OPA) a été préparé en solubilisant 4,4mg d'OPA avec 6μL de 2-mercaptoéthanol puis 60μL d'éthanol. Cette solution a été diluée avec 3mL d'un tampon de borate de sodium à 4,4% (w/v ; 2,2g dans 50mL) préparé à partir d'une solution d'acide borique (H₃BO₃, MW:61,83g.mol⁻¹) et ajusté à un pH de 10,6 avec une solution de NaOH 1N. Le réactif à l'OPA a été conservé à l'abri de la lumière, à -20°C et il a été utilisé sous une semaine. Les échantillons à dérivatiser à l'OPA ont été évaporés à sec sous un flux d'azote à 40°C, puis chaque échantillon a été repris dans 10μL de MeOH et 10μL d'eau milliQ. Dans chaque échantillon, 25μL de réactif à l'OPA ont été ajoutés puis les échantillons ont été incubés pendant 20min à température ambiante. La réaction de dérivatisation a alors été stoppée par ajout de 55μL d'acétonitrile. Les échantillons ont été centrifugés (5min, 16200g, 4°C) puis filtrés (filtre seringue 13mm 0,22μm pvdf Restek) avant d'être analysés par Chromatographie Liquide (Accela, Thermo-Electron).

L'analyse a été réalisée sur une colonne Kinetex C18 (2,6μ ; 100x2.1mm ; Phenomenex) en mode isocratique à 30°C et en utilisant comme éluant un mélange de 82% de MeOH et de 18% d'H$_2$O à un débit de 500μL/min. L'analyse des échantillons a été réalisée en injectant 10μL. la détection a été réalisée par fluorimétrie avec une longueur d'onde d'excitation (λexc) de 360nm et une longueur d'onde d'émission (λem) de 430nm. Les bases sphingoïdes ont été identifiées grâce aux temps de rétention obtenus avec les standards commerciaux.

4.3. Dosage des bases sphingoïdes couplées au 9-fluorenylmethyl chloroformate

Le réactif au 9-fluorenylmethyl chloroformate (Fmoc-Cl) a été utilisé à une concentration de 1mM dans l'acétonitrile (2,6mg dans 10mL d'acétonitrile) après une heure de repos à 4°C. Le réactif au Fmoc-Cl a été conservé à l'abri de la lumière, à -20°C et il a été utilisé sous une semaine. Les échantillons à dérivatiser ont été évaporés à sec sous un flux d'azote à 40°C, puis chaque échantillon a été repris dans 50μL d'acétonitrile et 25μL d'un tampon de borate de sodium 0,4M à pH 8,0. Dans chaque échantillon, 25μL de réactif au Fmoc-Cl ont été ajoutés et les échantillons ont été incubés pendant 30min à température ambiante. La réaction de dérivatisation a alors été stoppée par ajout de 10μL d'acide citrique 1M. Les échantillons ont été centrifugés (5min, 16200g, 4°C) puis le surnageant filtré (filtre seringue 13mm 0,22μm pvdf Restek) avant d'être analysé par Chromatographie Liquide (Accela, Thermo-Electron). L'analyse a été réalisée sur une colonne Kinetex C18 (2,6μ ; 100x2.1mm ; Phenomenex) en mode isocratique à 30°C et en utilisant comme éluant un mélange de 82% de MeOH et de 18% d'H$_2$O à un débit de 500μL/min. L'analyse des échantillons a été réalisée en injectant 10μL. La détection a été réalisée par fluorimétrie avec une longueur d'onde d'excitation (λexc) de 260nm et une longueur d'onde d'émission (λem) de 310nm. Les bases sphingoïdes ont identifiées grâce aux temps de rétention obtenus avec les standards commerciaux.

4.4. Extraction des céramides hépatiques

50mg de foie ont été prélevés et placés dans des tubes Lysing Matrice D. L'échantillon a été broyé au Fast Prep (4 x 10s, vitesse 4, espacés de 30s ; Qbiogene, France) dans 1mL d'eau milliQ. Le surnageant a été prélevé puis sonique à 4°C (5 pulses de 5s espacés de 30s dans la glace, 30% de la puissance maximale, 25Hz ; VibraCell 72434 Bioblock Scientific). Après centrifugation (16200g, 15min, 4°C), 700μL de surnageant ont été prélevés, congelés dans de l'azote liquide puis lyophilisés pendant une nuit. 2mL d'acétate d'éthyle ont été ajoutés sur le lyophilisat. La solution a alors été agitée 5 min, incubée 5 min à 40°C, de nouveau agitée 5 min, centrifugée (5 min, 4000g à 4°C) et le surnageant a été éliminé. Cette opération a été répétée trois fois.

Les culots cellulaires ont été disposés dans des tubes en verre, et ils ont subi une première étape d'extraction avec 3ml du mélange $HCCl_3/CH_3OH$ (2:1). Les tubes ont été agités vigoureusement pendant 5 min, placés 15 min à 40°C au bain-marie, puis de nouveaux agités vigoureusement pendant 5min, et enfin centrifugés à 5000g pendant 5min avant que le surnageant soit collecté. Le culot a subit une deuxième extraction avec 2ml de mélange $HCCl_3/CH_3OH$ (1 :1). Comme précédemment, le mélange a été agité vigoureusement, placé au bain-marie à 40°C, de nouveau agité, puis centrifugé à 5000 g pendant 5min. Le surnageant collecté a été ajouté au précédent. Dans une dernière étape d'extraction, le culot a été extrait avec 3ml de mélange $HCCl_3/CH_3OH$ (1:2). Comme précédemment, le mélange a été agité vigoureusement, placé au bain-marie à 40°C, de nouveau agité, puis centrifugé à 5000g pendant 5min. Le surnageant collecté a été ajouté aux précédents. Les extraits organiques sont séchés sous azote à 40°C et dilués dans 1ml d'un mélange $HCCl_3/CH_3OH$ (1:1) lors du stockage au -20°C.

4.5. Hydrolyse des glycérolipides par méthanolyse alcaline des sphingolipides

Les échantillons ont été séchés sous azote puis dilués dans une solution de 2 ml de $HCCl_3/NaOH$ (0.6N dans le méthanol) (1:1). Le mélange a été incubé à 40°C au bain-marie pendant 1 heure. La phase aqueuse et la phase organique du milieu réactionnel ont été séparées par ajout de 800µl d'eau distillée. Le milieu a été centrifugé pendant 5min à 5000g et la phase surnageante a été éliminée. La phase inférieure a été lavée avec 1ml d'une solution de $HCCl_3/CH_3OH/H_2O$ (3:48:47). Les échantillons ont été centrifugés à 5000g pendant 5min. La phase supérieure a été éliminée et la phase inférieure séchée sous azote et reprise dans un volume connu de $HCCl_3/CH_3OH$ avant analyse.

4.6. Analyse des céramides par HPTLC

Les plaques HPTLC ont été nettoyées en effectuant une élution avec une solution $HCCl_3/CH_3OH/H_2O$ (60:30:4, v/v). La silice a été activée à 100°C pendant une nuit. Après dilution, les échantillons ont été déposés sur les plaques HPTLC par un automate de dépôt CAMAG ATS3. L'élution de nos échantillons a été réalisée en 4 étapes successives. La première étape a été une migration de 2cm dans un mélange de $HCCl_3$/MeOH/ H_2O (40:30:1). La seconde étape a consisté en une migration de 4cm dans un mélange $HCCl_3$/ MeOH/ H_2O (40:30:1). La 3ème étape a consisté en une migration de 7cm dans un mélange de $HCCl_3$/MeOH/ AcOH (47:2:0,5) et la dernière en une migration de 7cm dans un mélange d Hexane/Et_2O/AcOH (30:15:0,5). Après chaque étape de migration la plaque a été séchée à 50°C pendant une minute.

Au terme des 4 étapes de migration et après séchage, la plaque a été révélée par immersion, dans une solution de carbonisation suivi d'un chauffage progressif jusqu'à 200°C (« charring »). L'analyse des plaques a été faite par lecture en UV à 560nm en utilisant un lecteur de plaque CAMAG TLC scanner3. L'identification et la quantification des céramides et des Glucosylcéramides ont été réalisées grâce à l'utilisation de standards commerciaux.

5. Dosage des protéines totales

Le dosage des protéines totales a été réalisé suivant la méthode de Lowry (Lowry, Rosebrough et al. 1951). Une droite de calibration a été réalisée avec 1 ml d'eau pour le blanc et 1 ml de solution d'albumine à 100µg/mL pour la référence. Les échantillons à doser ont été dilués au 200ème (50µl d'extrait cellulaire dans 10ml d'eau). 1ml de cette solution a été utilisé pour déterminer la concentration en protéines totales. Chacune des analyses a été réalisée en triplicat. Chaque échantillon a été incubé avec 0,5ml de NaOH 0,6 N pendant 25 minutes. Nous avons alors ajouté 2,5mL de réactif au cuivre (constitué de 0,01% de $CuSO_4$, 0,02% de tartrate de sodium et 2% de Na_2CO_3) et laissé incuber à température ambiante pendant 10 min. Puis, 250 µL de réactif de Folin ont été additionnés au mélange. La solution a été de nouveau incubée 30 min à température ambiante avant d'effectuer une lecture en spectrophotométrie à 750nm.

6. Analyses Statistiques

Les analyses statistiques inférentielles (ANOVA et tests) des données ont été réalisées avec le logiciel R (http://www.r-project.org). Les différents effets ont été analysés par une analyse de variance (ANOVA) incluant les facteurs génotype et traitement ainsi que leur interaction. Quand un effet est significatif, un test de Student est réalisé avec la variance résiduelle déterminée par l'ANOVA afin de comparer les différentes conditions (test T avec une estimation de la variance poolée). Le seuil de significativité retenu est de 5%.

III. RESULTATS ET DISCUSSION

Dans un premier temps nous avons réalisé une expérience in vivo pour mesurer l'effet, au niveau transcriptomique, d'une activation pharmacologique d'une part de LXR et d'autre part de PPARα sur le profil de l'expression des gènes de la biosynthèse des sphingolipides.

1. **Effet pharmacologique d'un agoniste synthétique de LXR sur l'expression des gènes de la biosynthèse des sphingolipides hépatiques**.

    1.1. **Vérification de l'activation des gènes dépendant de LXR par traitement au TO901317.**

Le « Liver X Receptor » (LXR) s'est d'abord vu attribuer un rôle de senseur de la cholestérolémie car il est activé par les oxystérols, métabolites dérivés du cholestérol et des hormones stéroïdiennes. De plus, son activation induit en conséquence une baisse de la cholestérolémie, notamment en activant le transport inverse du cholestérol et la sécrétion d'acides biliaires (Zelcer and Tontonoz 2006). Plusieurs études rapportent également la présence d'éléments de réponse à LXR, ou LXREs, dans les promoteurs de gènes responsables de la synthèse endogène d'acides gras (Fas, Acc).

1.1.1. Augmentation de gènes cible caractéristique de LXR

Nous avons vérifié qu'un traitement de quatre jours avec un agoniste pharmacologique de LXR (TO901317, 30 mg/kg/jour) induit une augmentation dépendante de LXR de l'expression de gènes impliqués dans l'homéostasie du cholestérol (Cyp7a1) et de gènes impliqués dans la lipogenèse (Accα, Fasn), bien caractérisés comme des cibles de LXR (Schultz, Tu et al. 2000; Repa, Berge *et al.* 2002). Nos résultats (Figure 19) montrent que, suite au traitement utilisé, l'expression de Cyp7a1, Accα et Fasn est augmentée de façon significative chez les souris de type sauvage mais pas chez les souris LXRα-/-β-/-.

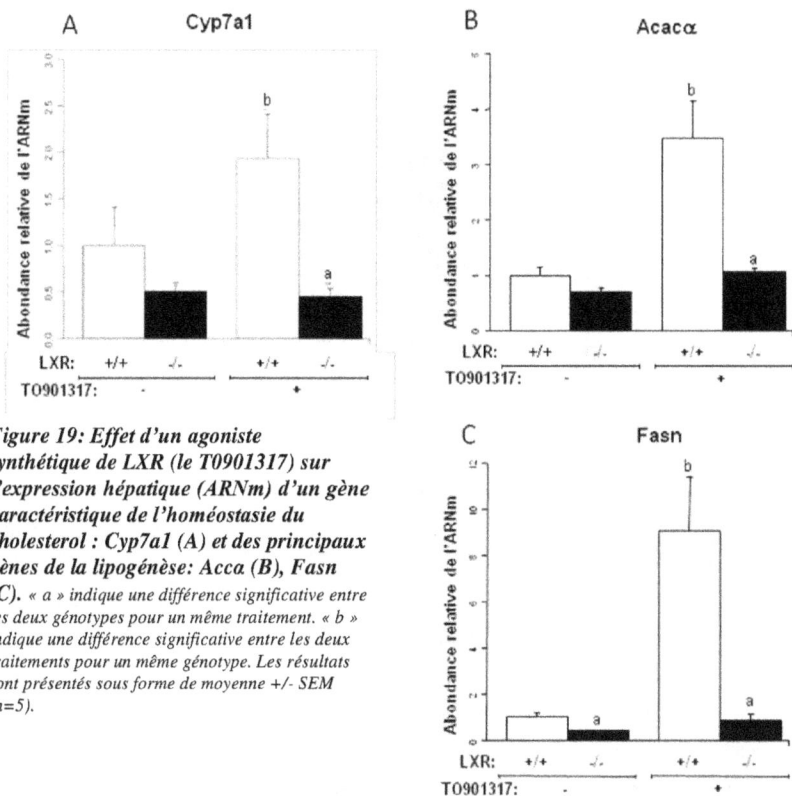

Figure 19: Effet d'un agoniste synthétique de LXR (le T0901317) sur l'expression hépatique (ARNm) d'un gène caractéristique de l'homéostasie du cholesterol : Cyp7a1 (A) et des principaux gènes de la lipogénèse: Acca (B), Fasn (C). *« a » indique une différence significative entre les deux génotypes pour un même traitement. « b » indique une différence significative entre les deux traitements pour un même génotype. Les résultats sont présentés sous forme de moyenne +/- SEM (n=5).*

1.1.2. Augmentation de gènes cible de PXR

Récemment, il a été montré in vitro que le T0901317 agit comme un agoniste du « Pregnane X Receptor » (PXR) (Mitro, Vargas et al. 2007), un autre facteur de transcription de la famille des récepteurs nucléaires. Aussi, nous avons mesuré l'effet du T0901317 sur l'expression d'un gène connu pour être une cible hépatique du récepteur PXR. Nos résultats montrent que le traitement au T0901317 induit une augmentation de l'expression de Cyp3A11 *in vivo* (Figure 20).

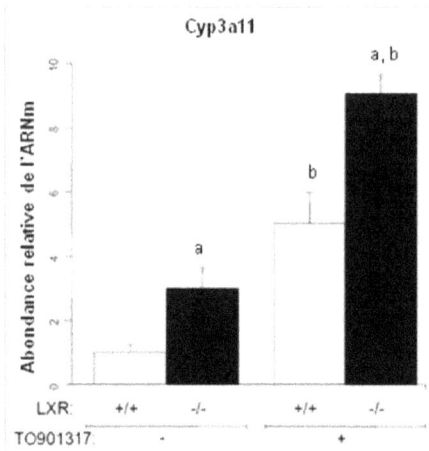

Figure 20: Effet d'un agoniste synthétique de LXR (LE T0901317) sur l'expression hépatique (ARNm) de Cyp3a11. « a » *indique une différence significative entre les deux génotypes pour un même traitement.* « b » *indique une différence significative entre les deux traitements pour un même génotype. Les résultats sont présentés sous forme de moyenne +/- SEM (n=5).*

1.1.3. Augmentation des triglycérides hépatiques

L'utilisation du T0901317 induit une lipogenèse hépatique et une stéatose dépendante de LXR (Schultz, Tu et al. 2000). Nous avons donc mesuré dans nos conditions expérimentales la masse de triglycérides (TGs) hépatiques chez des souris mâles de type sauvage et LXR $\alpha^{-/-}$ $\beta^{-/-}$ ayant reçu ou non un traitement au T0901317. A l'issu de ce traitement, nous observons une augmentation significative de TGs hépatiques chez les souris de type sauvage (Figure 21). Ces résultats, en accord avec ceux connus de la littérature (Schultz *et al.* 2000), montrent que l'effet du T0901317 sur la masse de TGs hépatiques requiert la présence de LXR.

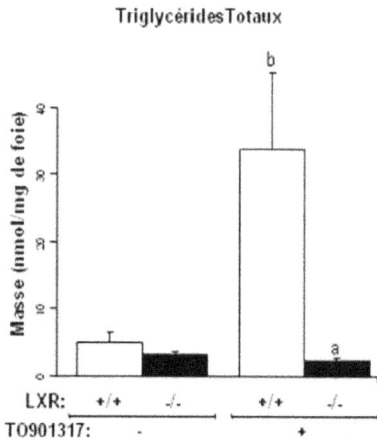

Triglycérides Totaux

Figure 21. Le T0901317 induit une augmentation dépendante de LXR de la masse de triglycérides hépatiques. « a » indique une différence significative entre les deux génotypes pour un même traitement. « b » indique une différence significative entre les deux traitements pour un même génotype. Les résultats sont présentés sous forme de moyenne +/- SEM (n=5).

1.2. Augmentation dépendante de LXR de l'expression des gènes de la biosynthèse des Sphingolipides induit par un traitement au T0901317.

Afin d'évaluer si l'activation du récepteur nucléaire LXR module l'expression des gènes de la voie de biosynthèse des sphingolipides, différents dosages des niveaux d'ARNm de ces gènes ont été réalisés par PCR quantitative. Globalement, nous observons une augmentation significative de l'ensemble des gènes (Sptlc1, Sptlc2, Kdsr, Degs2, Lass 3, Lass4, Sgms1 et Nsmaf) menant à la formation de céramides chez les souris sauvages après traitement au T0901317 (Figure 22 et 23). Seuls les gènes (Sptlc1, Sptlc2 et Kdsr) liés à la synthèse des bases sphingoïdes présentent des variations de niveau d'expression typiques d'un effet pharmacologique lié à l'activation de LXR. En effet, nos résultats montrent que, suite au traitement utilisé, l'expression des gènes codant pour les SPT (Sptlc1 et Sptlc2) et du gène codant pour la 3Kdsr est augmentée de façon significative chez les souris de type sauvages mais pas chez les souris LXRα$^{-/-}$β$^{-/-}$ (Figure 22).

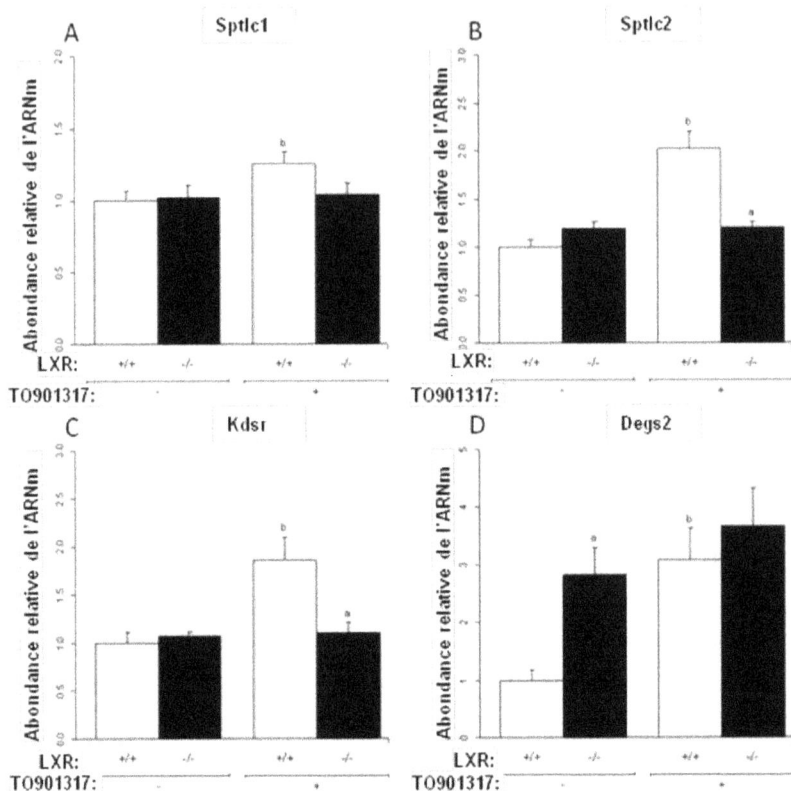

Figure 22 : Effet d'un agoniste synthétique de LXR (le TO901317) sur l'expression hépatique (ARNm) des gènes de la biosynthèse des sphingolipides: Sptlc1 (A), Sptlc2 (B), Kdsr (C), Degs2 (D). «*a*» *indique une différence significative entre les deux génotypes pour un même traitement.* «*b*» *indique une différence significatives entre les deux traitements pour un même génotype. Les résultats sont présentés sous forme de moyenne s +/- SEM (n=5).*

Les gènes (Degs2, Lass3 et Lass4) impliqués dans la synthèse des Cer présentent une variation du niveau d'expression typique d'un effet pharmacologique lié à l'activation de LXR. En effet, nos résultats montrent que, suite au traitement utilisé, l'expression des gènes codant pour la DES (Degs2), pour l'isoforme 3 des CerS (Lass3) et pour l'isoforme 4 des CerS (Lass4) est augmentée de façon significative chez les souris de type sauvages mais pas chez les souris LXRα$^{-/-}$β$^{-/-}$. Par ailleurs, le nombre élevé de cycle de PCR nécessaire à la quantification de l'expression du gène Lass3 nous permet d'émettre quelques doutes sur la fiabilité de ce résultat. Enfin, nous constatons que, sous régime standard, l'expression des gènes Degs2 et Lass4 est augmenté de façon significative chez les souris LXRα$^{-/-}$β$^{-/-}$.

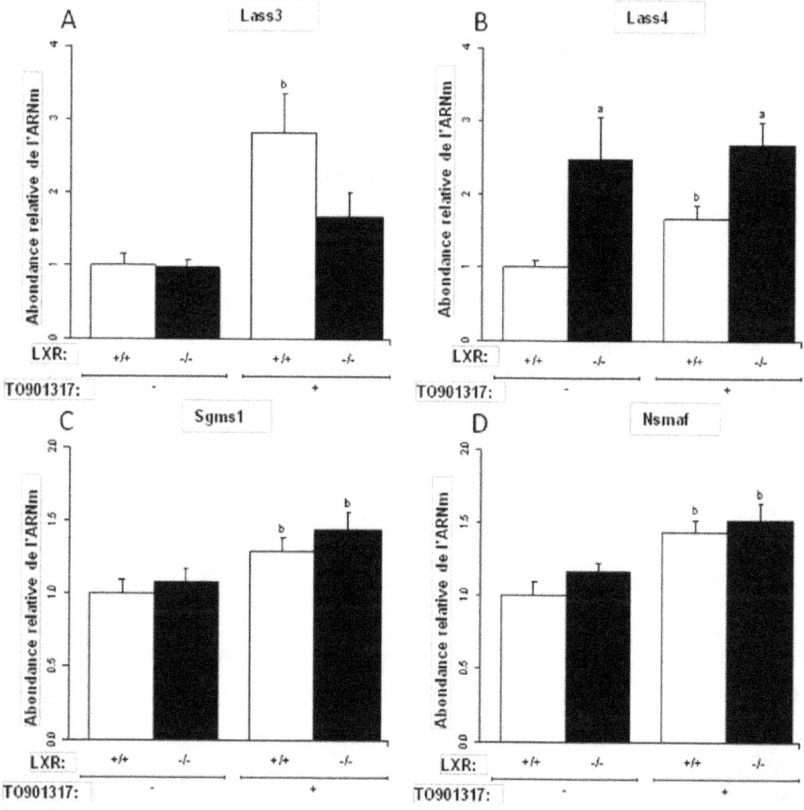

Figure 23: Effet d'un agoniste synthétique de LXR (le TO901317) sur l'expression hépatique (ARNm) des gènes de la biosynthèse des sphingolipides: Lass3 (A), Lass4 (B), Sgms1 (C), Nsmaf (D). «a» indique une différence significative entre les deux génotypes pour un même traitement. «b» indique une différence significatives entre les deux traitements pour un même génotype. Les résultats sont présentés sous forme de moyenne s +/- SEM (n=5).

Pour les autres gènes, Sgms1 et Nsmaf, les variations des niveaux d'expressions liés au traitement pharmacologique sont indépendantes de l'activation de LXR. En effet, nos résultats montrent que, suite au traitement utilisé, l'expression des gènes codant pour la SMS (Sgms1) et pour la n-SMase (Nsmaf) est augmentée de façon significative à la fois chez les souris de type sauvages et chez les souris LXRα$^{-/-}$β$^{-/-}$. Comme indiqué précédemment pour le cas de Cyp3a11, l'augmentation du niveau d'expression de ces gènes pourrait être la conséquence d'une activation de PXR par le T0901317.

2. **Effet pharmacologique d'un agoniste synthétique de PPARα sur l'expression des gènes de la biosynthèse des sphingolipides hépatiques.**

    2.1. Vérification de l'activation des gènes dépendant de PPARα par traitement au Fénofibrate.

Les « Peroxisome Proliferator Activated Receptors » (PPARs) jouent des rôles majeurs dans le métabolisme énergétique et en particulier dans le métabolisme des lipides. De manière très schématique, le récepteur PPARα favorise le catabolisme et l'utilisation des lipides. Ainsi plusieurs études rapportent la présence de PPRE fonctionnel dans les promoteurs de gènes responsables de l'ω-hydroxylation (Cyp4a14) et de la β-oxydation lipidique (Acox1).

2.1.1. Augmentation de gènes cible caractéristique de PPARα

Nous avons vérifié qu'un traitement de dix jours avec un agoniste pharmacologique de PPARα (Fénofibrate, 100 mg/kg/jour) induit une augmentation dépendante de PPARα de l'expression d'un gène impliqué dans la β-oxydation lipidique (Acox1) et d'un gène impliqué dans l'ω-hydroxylation des acides gras (Cyp4a14), bien caractérisés comme des cibles de PPARα. Nos résultats (Figure 24) montrent que, suite au traitement utilisé, l'expression de Cyp4a14 et Acox1 est augmentée de façon significative chez les souris de type sauvage mais pas chez les souris PPARα-/-.

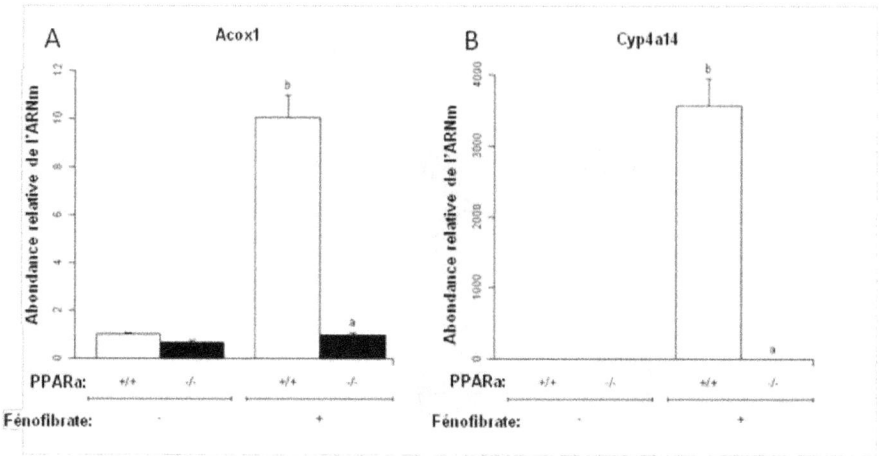

Figure 24 : Effet d'un agoniste synthétique de PPARα (le Fénofibrate) sur l'expression hépatique (ARNm) d'un gène caractéristique de la β-oxydation lipidique : Acox1 (A) et d'un gène caractéristique de l'ω-hydroxylation des acides gras : Cyp4a14 (B). « a » indique une différence significative entre les deux génotypes pour un même traitement. « b » indique une différence significative entre les deux traitements pour un même génotype. Les résultats sont présentés sous forme de moyenne +/- SEM (n=6).

2.1.2. Augmentation des acides gras totaux

Nous avons mesuré dans nos conditions expérimentales le niveau d'acides gras (AGs) hépatiques totaux chez des souris mâles de type sauvage et PPARα$^{-/-}$ ayant reçu ou non un traitement au Fénofibrate. A l'issue de ce traitement, nous observons une augmentation significative des AGs hépatiques chez les souris de type sauvage (Figure 25).

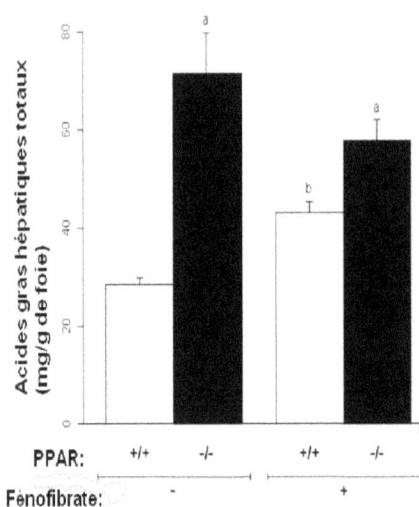

Figure 25. Le Fénofibrate induit une augmentation dépendant de PPARα des acides gras hépatiques totaux. « a » indique une différence significative entre les deux génotypes pour un même traitement. « b » indique une différence significative entre les deux traitements pour un même génotype. Les résultats sont présentés sous forme de moyenne +/- SEM (n=6).

2.2. **Augmentation dépendante de PPARα de l'expression des gènes de la biosynthèse des Sphingolipides induite par un traitement au Fénofibrate.**

Afin d'évaluer si l'activation du récepteur nucléaire PPARα module l'expression des gènes de la voie de biosynthèse des sphingolipides, différents dosages des niveaux d'ARNm de ces gènes ont été réalisés par PCR quantitative. Nos résultats montrent que suite au traitement au Fénofibrate, l'expression du gène codant pour une des SPT (Sptlc2) et principalement l'expression du gène codant pour la 3-kétodihydrosphingosine réductase (Kdsr) est augmentée de façon significative chez les souris de type sauvages et dans une moindre mesure chez les souris PPARα$^{-/-}$ (Figure 26).

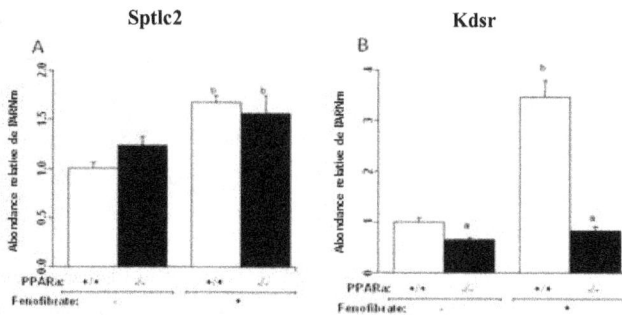

Figure 26 : Effet d'un agoniste pharmacologique de PPARα (le Fénofibrate) sur l'expression hépatique (ARNm) des bases sphingoïdes: Sptlc2 (A), Kdsr (B). « a » indique une *différence significative entre les deux génotypes pour un même traitement.* « b » *indique une différence significative entre les deux traitements pour un même génotype. Les résultats sont présentés sous forme de moyenne +/- SEM (n=6).*

3. **Effet pharmacologique des agonistes synthétiques de LXR et de PPARα sur le contenu hépatique en bases sphingoïdes.**

Le temps imparti ne nous permettant pas d'analyser l'ensemble des deux expériences pharmacologique, nous avons choisi de nous focaliser uniquement sur l'une d'entre-elle : l'expérience d'activation pharmacologique du récepteur nucléaire LXR par son ligand synthétique le T0901317.

3.1. **Analyse du contenu hépatique en bases sphingoïdes après traitement au T0901317.**

Au regard des résultats de l'analyse transcriptomique montrant une augmentation significative des gènes impliqués dans la synthèse des bases sphingoïdes, particulièrement Sptlc2 et Kdsr, nous avons cherché à mesurer le contenu hépatique en Sa et en 3KS. La méthode de référence pour l'analyse des bases sphingoïdes consiste en une dérivatisation à l'OPA en milieu basique. Cette méthode est très efficace pour le dosage de la Sa et de la So. Malheureusement elle n'est pas applicable à la quantification de la 3KS. En effet, cette dernière réagit avec l'OPA en formant plusieurs produits de couplage. Aussi, il a été nécessaire de mettre en place une nouvelle méthode de dérivatisation des bases sphingoïdes compatible avec la structure de la 3KS. Nous avons donc choisi de réaliser le dosage en dérivatisant les bases sphingoïdes avec du Fmoc-Cl. Les extraits hépatiques étant chargés, il nous a été impossible d'utiliser un bon étalon interne. Aussi nous avons été obligés de réaliser les dosages par étalonnage externe. Cette méthode amenant plus d'incertitude sur la mesure, nous avons également suivi le rapport de concentration de la Sa sur la So, afin de nous affranchir de la variabilité propre à l'incertitude sur le volume d'injection. Enfin, les concentrations de 3KS étant faible, nous avons également choisi de suivre leur évolution au travers du rapport de concentration 3KS sur Sa.

Ces analyses, dont les résultats sont présentés en Figure 27, confirment l'induction, suite au traitement pharmacologique, des enzymes associées aux deux premières étapes de la biosynthèse des sphingolipides. En effet, nous avons vu que l'expression des gènes Sptlc1/Sptlc2 et du gène Kdsr était augmentée de façon significative chez les souris sauvages ($LXR\alpha^{+/+}\beta^{+/+}$) en présence de l'agoniste de LXR : le T0901317. Nous retrouvons cet effet sur les quantités de Sa au niveau hépatique (Figure 27B) qui triple à quadruple chez les souris sauvages ($LXR\alpha^{+/+}\beta^{+/+}$) et également chez les souris déficientes en LXR ($LXR\alpha^{-/-}\beta^{-/-}$) lorsqu'elles sont traitées par le T0901317. De plus, chez ces mêmes groupes de souris, le ratio 3KS/Sa diminue d'un facteur 2 (Figure 27D). Ceci montre que l'augmentation du contenu en Sa est à la fois dû à une augmentation de l'activité de synthèse par les SPT et une augmentation de l'activité réductase par la KDSR.

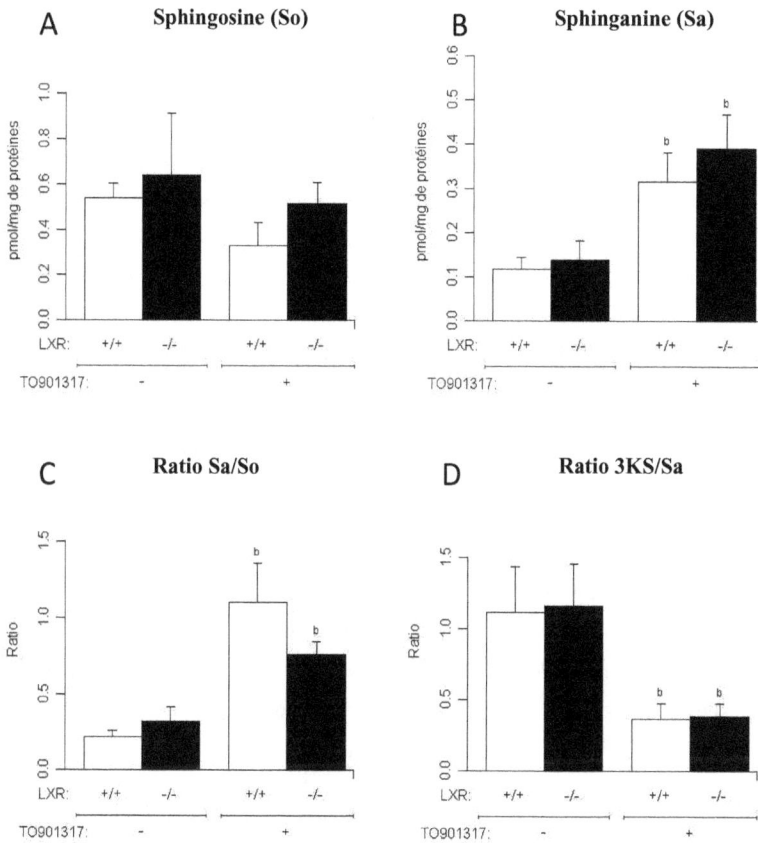

Figure 27 : Effet d'un agoniste synthétique de LXR (le T0191317) sur le contenu hépatique en bases sphingoïdes: Sphingosine (A), Sphinganine (B), le Ratio Sa/So (C) le Ratio 3KS/Sa. « a » indique une différence significative entre les deux génotypes pour un même traitement. « b » indique une différence significative entre les deux traitements pour un même génotype. Les résultats sont présentés sous forme de moyenne +/- SEM (n=5).

Néanmoins, il est nécessaire de commenter ces résultats avec précaution car l'effet significatif observé est un effet lié au traitement par le T0901317 et il ne semble pas être lié au génotype sauvage (LXRα$^{+/+}$β$^{+/+}$) ou déficient (LXRα$^{-/-}$β$^{-/-}$) des souris. Comme indiqué précédemment, Il est donc possible que cet effet d'induction passe par le récepteur nucléaire PXR.

Afin de vérifier que le traitement par le T0901317 n'induit pas l'ensemble des enzymes de la voie de biosynthèse des sphingolipides de manière globale, mais bien de façon spécifique aux premières enzymes, nous avons dosé le contenu hépatique en So. En effet, cette base sphingoïde est le produit de dégradation des céramides. Comme le montre la Figure 27A, suite au traitement pharmacologique, la quantité de So n'est modulée de façon significative ni chez les souris sauvages (LXR$\alpha^{+/+}\beta^{+/+}$), ni chez les souris déficientes (LXR$\alpha^{-/-}\beta^{-/-}$). Aussi, l'appariement des dosages de Sa à ceux du So, au travers du suivi du rapport Sa/So, montrent que, suite au traitement pharmacologique, le rapport Sa/So augmente de façon significative à la fois chez les souris de type sauvages et chez les souris LXR$\alpha^{-/-}\beta^{-/-}$ (Figure 27C). Ce résultat confirme et renforce les données de la Figure 27B prouvant, suite au traitement par le T0901317, une induction spécifique des premières enzymes participant à la synthèse des céramides mais pas de celles participant à leur dégradation, et ceci de manière indépendante de LXR.

3.2. Analyse du contenu hépatique en sphingolipides après traitement au T0901317.

Sur quelques échantillons, nous avons donc commencé à mesurer le contenu en céramides afin de confirmer une accumulation de céramide, suite au traitement par le T0901317, uniquement chez les souris déficientes LXR$\alpha^{-/-}\beta^{-/-}$, comme le suggèrent les modulations du niveau d'expression des gènes codant pour les enzymes de la voie de biosynthèse des sphingolipides.

Nos résultats préliminaires (Figure 28) confirment que, suite au traitement, le niveau hépatique de céramides augmente chez les souris déficientes LXR$\alpha^{-/-}\beta^{-/-}$ avec une valeur p égale à 0.06. L'analyse d'échantillons supplémentaires nous permettra de vérifier si ces modulations sont réellement significatives.

Il nous faudra également effectuer sur chaque échantillon la mesure des activités sérine palmitoyl transférases et 3-kétosphinganine réductases. En effet ces activités biochimiques pourraient augmenter suite au traitement pharmacologique en accord avec nos résultats de qPCR et de dosage du contenu hépatique en bases sphingoïdes. Par ailleurs, du fait de la variation du niveau d'expression des gènes Sgms1 et Nsmaf, il serait également intéressant de mesurer le contenu hépatique en sphingomyéline.

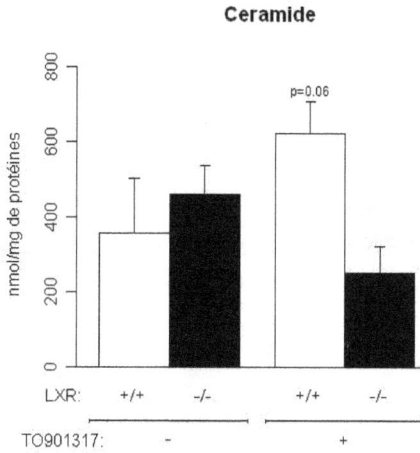

Ceramide

Figure 28 : Effet d'un agoniste synthétique de LXR (le T0191317) sur le contenu hépatique en céramides. « a » indique une différence significative entre les deux génotypes pour un même traitement. « b » indique une différence significative entre les deux traitements pour un même génotype. Les résultats sont présentés sous forme de moyenne +/- SEM (n=2).

IV. CONCLUSIONS ET PERSPECTIVES

Le foie joue un rôle central dans l'homéostasie des lipides. Dans cet organe, les enzymes impliquées dans le métabolisme des lipides, et particulièrement dans celui des acides gras, sont sensibles aux régulations transcriptionnelles. Les acides gras étant des constituants majeurs de la synthèse des sphingolipides, nous avons cherché à savoir si deux récepteurs nucléaires fortement impliqués dans la régulation transcriptionnelle du métabolisme des acides gras (LXR et PPARα), sont également impliqués dans celle des enzymes responsables de la synthèse des sphingolipides. Au cours de nos travaux, l'analyse du niveau d'expression de 22 gènes codant pour les enzymes de la voie de biosynthèse des sphingolipides a été réalisée.

Nos résultats révèlent l'implication des récepteurs nucléaires PPARα et LXR à des endroits « clés » de la synthèse des sphingolipides. Ainsi nous avons montré que PPARα est impliqué dans la régulation des gènes Sptlc2 et Kdsr. De même, nos résultats ont également mis en évidence qu'un agoniste pharmacologique de LXR (le T0901317) influe sur le niveau d'expression de l'ensemble des gènes codant pour les enzymes nécessaires à la synthèse des céramides (Sptlc1 et 2, Kdsr, CerS, Degs). L'utilisation de souris LXR-/- permet de valider l'hypothèse que l'effet pharmacologique observé est directement lié à l'activation de ce récepteur nucléaire. Par ailleurs, les changements d'expression des gènes sont en accord avec l'analyse du contenu hépatique en céramides. Pour la première fois, une relation directe est établie entre le récepteur nucléaire LXR, régulateur majeur de la voie de synthèse des acides gras et la synthèse des sphingolipides au niveau transcriptomique.

Une synthèse excessive d'acides gras via l'activation de LXR peut induire une accumulation massive de ceux-ci sous forme de triglycérides au niveau du foie (stéatose). Cette activation entraine l'activation des gènes impliquées dans la synthèse de céramides. Or, certaines espèces de sphingolipides ont été incriminées dans le développement de l'insulino-résistance associée à la stéatose hépatique. Cependant, toutes les stéatoses ne sont pas synonymes d'insulino-résistance. Il serait donc intéressant de tester l'hypothèse que dans les stéatoses associées à l'insulino- résistance il y a une dérégulation du niveau d'expression des gènes menant à la synthèse des céramides.

Afin de confirmer avec certitude la régulation directe de ces gènes par LXR et PPAR, il nous faudrait rechercher dans les promoteurs de ces gènes les éléments de réponse associés, et tester leur fonctionnalité. Le T0901317 utilisé au cours de cette étude n'est pas seulement un agoniste de LXR. Il a été montré *in vitro* que cette molécule est aussi capable d'activer le récepteur nucléaire PXR. En accord avec cette observation, nous montrons pour la première fois *in vivo* que l'exposition à cette molécule induit une augmentation marquée d'un gène cible de PXR : le Cyp3A11. Cette induction se produit chez les souris transgéniques déficientes pour LXR. Suite au traitement au T0901317, nous avons également remarqué un certain nombre de régulations indépendantes de LXR du métabolisme des sphingolipides. Le récepteur nucléaire PXR pourrait être responsable de ces effets. Une étude avec des souris PXR KO et WT traités par le PCN, agoniste spécifique de PXR permettrait de mettre en évidence le rôle de LXR et PXR au niveau de la synthèse des sphingolipides. L'ensemble de ces résultats nous encourage à l'étude plus détaillée du rôle des récepteurs nucléaires de classe II dans la régulation de l'homéostasie des sphingolipides.

La CerK joue un rôle majeur dans la régulation de la cPLA2 et la libération d'acide arachidonique en modulant la production de C1P, et ainsi la réponse inflammatoire. Nous souhaitons tester l'hypothèse qu'en inhibant la CerK, nous pourrons réduire l'incidence de l'inflammation. La CerK pourrait être une cible pharmacologique pour le développement d'une nouvelle thérapie contre la stéatose hépatique.

BIBLIOGRAPHIE

Aerts, J. M., R. Ottenhoff, et al. (2007). "Pharmacological inhibition of glucosylceramide synthase enhances insulin sensitivity." Diabetes **56**(5): 1341-9.

Al-Makdissy, N., A. Bianchi, et al. (2001). "Down-regulation of peroxisome proliferator-activated receptor-gamma gene expression by sphingomyelins." FEBS Lett **493**(2-3): 75-9.

Araya, J., R. Rodrigo, et al. (2004). "Increase in long-chain polyunsaturated fatty acid n-6/n-3 ratio in relation to hepatic steatosis in patients with non-alcoholic fatty liver desease. Clinical Science **106**: 635-643.

Auboeuf, D., J. Rieusset, et al. (1997). "Tissue distribution and quantification of the expression of mRNAs of peroxisome proliferator-activated receptors and liver X receptor-alpha in humans: no alteration in adipose tissue of obese and NIDDM patients." Diabetes **46**(8): 1319-27.

Becker, K. A., J. Riethmuller, et al. (2010). "The role of sphingolipids and ceramide in pulmonary inflammation in cystic fibrosis." Open Respir Med J **4**: 39-47.

Bleicher, R. J. and M. C. Cabot (2002). "Glucosylceramide synthase and apoptosis." Biochim Biophys Acta **1585**(2-3): 172-8.

Bookout, A. L., Y. Jeong, et al. (2006). "Anatomical profiling of nuclear receptor expression reveals a hierarchical transcriptional network." Cell **126**(4): 789-99.

Bourteele, S., A. Hausser, et al. (1998). "Tumor necrosis factor induces ceramide oscillations and negatively controls sphingolipid synthases by caspases in apoptotic Kym-1 cells." J Biol Chem **273**(47): 31245-51.

Bruni, P. and C. Donati (2008). "Pleiotropic effects of sphingolipids in skeletal muscle." Cell Mol Life Sci **65**(23): 3725-36.

Catalan, R. E., M. D. Aragones, et al. (1996). "Involvement of sphingolipids in the endothelin-1 signal transduction mechanism in rat brain." Neurosci Lett **220**(2): 121-4.

Causeret, C., L. Geeraert, et al. (2000). "Further characterization of rat dihydroceramide desaturase: tissue distribution, subcellular localization, and substrate specificity." Lipids **35**(10): 1117-25.

Cha, J. Y. and J. J. Repa (2007). "The liver X receptor (LXR) and hepatic lipogenesis. The carbohydrate-response element-binding protein is a target gene of LXR." J Biol Chem **282**(1): 743-51.

Chalfant, C. E. and S. Spiegel (2005). "Sphingosine 1-phosphate and ceramide 1-phosphate: expanding roles in cell signaling." J Cell Sci **118**(Pt 20): 4605-12.

Chavez, J. A., T. A. Knotts, et al. (2003). "A role for ceramide, but not diacylglycerol, in the antagonism of insulin signal transduction by saturated fatty acids." J Biol Chem **278**(12): 10297-303.

Chawla, A. and M. A. Lazar (1994). "Peroxisome proliferator and retinoid signaling pathways co-regulate preadipocyte phenotype and survival." Proc Natl Acad Sci U S A **91**(5): 1786-90.

Cho, H., J. Mu, et al. (2001). "Insulin resistance and a diabetes mellitus-like syndrome in mice lacking the protein kinase Akt2 (PKB beta)." Science **292**(5522): 1728-31.

Cifone, M. G., R. De Maria, et al. (1994). "Apoptotic signaling through CD95 (Fas/Apo-1) activates an acidic sphingomyelinase." J Exp Med **180**(4): 1547-52.

Costet, P., C. Legendre, et al. (1998). "Peroxisome proliferator-activated receptor alpha-isoform deficiency leads to progressive dyslipidemia with sexually dimorphic obesity and steatosis." J Biol Chem **273**(45): 29577-85.

Cunningham, T. J., L. Yao, et al. (2006). "Secreted phospholipase A2 activity in experimental autoimmune encephalomyelitis and multiple sclerosis." J Neuroinflammation **3**: 26.

Cuvillier, O. (2002). "Sphingosine in apoptosis signaling." Biochim Biophys Acta 1585(2-3): 153-62.

Dobrowsky, R. T. and Y. A. Hannun (1992). "Ceramide stimulates a cytosolic protein phosphatase." J Biol Chem 267(8): 5048-51.

Dulaney, J. T., A. Milunsky, et al. (1976). "Diagnosis of lipogranulomatosis (Farber disease) by use of cultured fibroblasts." J Pediatr 89(1): 59-61.

El Alwani, M., B. X. Wu, et al. (2006). "Bioactive sphingolipids in the modulation of the inflammatory response." Pharmacol Ther 112(1): 171-83.

El Bawab, S., P. Roddy, et al. (2000). "Molecular cloning and characterization of a human mitochondrial ceramidase." J Biol Chem 275(28): 21508-13.

Elstner, E., C. Muller, et al. (1998). "Ligands for peroxisome proliferator-activated receptorgamma and retinoic acid receptor inhibit growth and induce apoptosis of human breast cancer cells in vitro and in BNX mice." Proc Natl Acad Sci U S A 95(15): 8806-11.

Embade, N., P. F. Valeron, et al. (2000). "Apoptosis induced by Rac GTPase correlates with induction of FasL and ceramides production." Mol Biol Cell 11(12): 4347-58.

Forman, B. M., P. Tontonoz, et al. (1995). "15-Deoxy-delta 12, 14-prostaglandin J2 is a ligand for the adipocyte determination factor PPAR gamma." Cell 83(5): 803-12.

Fuereder, T., D. Hoeflmayer, et al. (2011). "Sphingosine kinase 1 is a relevant molecular target in gastric cancer." Anticancer Drugs 22(3): 245-52.

Gable, K., S. D. Gupta, et al. (2010). "A disease-causing mutation in the active site of serine palmitoyltransferase causes catalytic promiscuity." J Biol Chem 285(30): 22846-52.

Gatt, S. (1963). "Enzymic Hydrolysis and Synthesis of Ceramides." J Biol Chem 238: 3131-3.

Goetzl, E. J. and H. Rosen (2004). "Regulation of immunity by lysosphingolipids and their G protein-coupled receptors." J Clin Invest 114(11): 1531-7.

Goulding, C. W., A. E. Giuliano, et al. (2000). "SDZ PSC 833 the drug resistance modulator activates cellular ceramide formation by a pathway independent of P-glycoprotein." Cancer Lett 149(1-2): 143-51.

Hanada, K. (2003). "Serine palmitoyltransferase, a key enzyme of sphingolipid metabolism." Biochim Biophys Acta 1632(1-3): 16-30.

Hannun, Y. A. (1996). "Functions of ceramide in coordinating cellular responses to stress." Science 274(5294): 1855-9.

Hannun, Y. A. and L. M. Obeid (2002). "The Ceramide-centric universe of lipid-mediated cell regulation: stress encounters of the lipid kind." J Biol Chem 277(29): 25847-50.

Hannun, Y. A. and L. M. Obeid (2008). "Principles of bioactive lipid signalling: lessons from sphingolipids." Nat Rev Mol Cell Biol 9(2): 139-50.

Herr, I., D. Wilhelm, et al. (1997). "Activation of CD95 (APO-1/Fas) signaling by ceramide mediates cancer therapy-induced apoptosis." Embo J 16(20): 6200-8.

Hevener, A. L., D. Reichart, et al. (2001). "Thiazolidinedione treatment prevents free fatty acid-induced insulin resistance in male wistar rats." Diabetes 50(10): 2316-22.

Holland, W. L. and S. A. Summers (2008). "Sphingolipids, insulin resistance, and metabolic disease: new insights from in vivo manipulation of sphingolipid metabolism." Endocr Rev 29(4): 381-402.

Hornemann, T., A. Penno, et al. (2009). "The SPTLC3 subunit of serine palmitoyltransferase generates short chain sphingoid bases." J Biol Chem 284(39): 26322-30.

Hornemann, T., S. Richard, et al. (2006). "Cloning and initial characterization of a new subunit for mammalian serine-palmitoyltransferase." J Biol Chem 281(49): 37275-81.

Iizuka, K., R. K. Bruick, et al. (2004). "Deficiency of carbohydrate response element-binding protein (ChREBP) reduces lipogenesis as well as glycolysis." Proc Natl Acad Sci U S A 101(19): 7281-6.

Imgrund, S., D. Hartmann, et al. (2009). "Adult ceramide synthase 2 (CERS2)-deficient mice exhibit myelin sheath defects, cerebellar degeneration, and hepatocarcinomas." J Biol Chem **284**(48): 33549-60.

Issemann, I. and S. Green (1990). "Activation of a member of the steroid hormone receptor superfamily by peroxisome proliferators." Nature **347**(6294): 645-50.

Jana, A. and K. Pahan "Sphingolipids in multiple sclerosis." Neuromolecular Med **12**(4): 351-61.

Jayadev, S., H. L. Hayter, et al. (1997). "Phospholipase A2 is necessary for tumor necrosis factor alpha-induced ceramide generation in L929 cells." J Biol Chem **272**(27): 17196-203.

Jayadev, S., C. M. Linardic, et al. (1994). "Identification of arachidonic acid as a mediator of sphingomyelin hydrolysis in response to tumor necrosis factor alpha." J Biol Chem **269**(8): 5757-63.

Kliewer, S. A., B. M. Forman, et al. (1994). "Differential expression and activation of a family of murine peroxisome proliferator-activated receptors." Proc Natl Acad Sci U S A **91**(15): 7355-9.

Koch, J., S. Gartner, et al. (1996). "Molecular cloning and characterization of a full-length complementary DNA encoding human acid ceramidase. Identification Of the first molecular lesion causing Farber disease." J Biol Chem **271**(51): 33110-5.

Krey, G., O. Braissant, et al. (1997). "Fatty acids, eicosanoids, and hypolipidemic agents identified as ligands of peroxisome proliferator-activated receptors by coactivator-dependent receptor ligand assay." Mol Endocrinol **11**(6): 779-91.

Lahiri, S. and A. H. Futerman (2005). "LASS5 is a bona fide dihydroceramide synthase that selectively utilizes palmitoyl-CoA as acyl donor." J Biol Chem **280**(40): 33735-8.

Lee, J. Y., Y. A. Hannun, et al. (1996). "Ceramide inactivates cellular protein kinase Calpha." J Biol Chem **271**(22): 13169-74.

Lee, S. S., T. Pineau, et al. (1995). "Targeted disruption of the alpha isoform of the peroxisome proliferator-activated receptor gene in mice results in abolishment of the pleiotropic effects of peroxisome proliferators." Mol Cell Biol **15**(6): 3012-22.

Lev, N., E. Melamed, et al. (2003). "Apoptosis and Parkinson's disease." Prog Neuropsychopharmacol Biol Psychiatry **27**(2): 245-50.

Levy, M. and A. H. Futerman (2010). "Mammalian ceramide synthases." IUBMB Life **62**(5): 347-56.

Liang, G., J. Yang, et al. (2002). "Diminished hepatic response to fasting/refeeding and liver X receptor agonists in mice with selective deficiency of sterol regulatory element-binding protein-1c." J Biol Chem **277**(11): 9520-8.

Liu, Y., Y. Chen, et al. "Elevation of sulfatides in ovarian cancer: an integrated transcriptomic and lipidomic analysis including tissue-imaging mass spectrometry." Mol Cancer **9**: 186.

Lowry, O. H., N. J. Rosebrough, et al. (1951). "Protein measurement with the Folin phenol reagent." J Biol Chem **193**(1): 265-75.

Maceyka, M., S. G. Payne, et al. (2002). "Sphingosine kinase, sphingosine-1-phosphate, and apoptosis." Biochim Biophys Acta **1585**(2-3): 193-201.

Mangelsdorf, D. J. and R. M. Evans (1995). "The RXR heterodimers and orphan receptors." Cell **83**(6): 841-50.

Mao, C., R. Xu, et al. (2001). "Cloning and characterization of a novel human alkaline ceramidase. A mammalian enzyme that hydrolyzes phytoceramide." J Biol Chem **276**(28): 26577-88.

Marx, N., N. Mackman, et al. (2001). "PPARalpha activators inhibit tissue factor expression and activity in human monocytes." Circulation **103**(2): 213-9.

Mitro, N., L. Vargas, et al. (2007). "T0901317 is a potent PXR ligand: implications for the biology ascribed to LXR." FEBS Lett **581**(9): 1721-6.

Mizutani, Y., A. Kihara, et al. (2005). "Mammalian Lass6 and its related family members regulate synthesis of specific ceramides." Biochem J **390**(Pt 1): 263-71.

Modrak, D. E., D. V. Gold, et al. (2006). "Sphingolipid targets in cancer therapy." Mol Cancer Ther **5**(2): 200-8.

Mukherjee, R., S. Sun, et al. (2002). "Ligand and coactivator recruitment preferences of peroxisome proliferator activated receptor alpha." J Steroid Biochem Mol Biol **81**(3): 217-25.

Nilsson, A. (1969). "The presence of spingomyelin- and ceramide-cleaving enzymes in the small intestinal tract." Biochim Biophys Acta **176**(2): 339-47.

Obeid, L. M., C. M. Linardic, et al. (1993). "Programmed cell death induced by ceramide." Science **259**(5102): 1769-71.

Okada, T., T. Kajimoto, et al. (2009). "Sphingosine kinase/sphingosine 1-phosphate signalling in central nervous system." Cell Signal **21**(1): 7-13.

Okazaki, T., R. M. Bell, et al. (1989). "Sphingomyelin turnover induced by vitamin D3 in HL-60 cells. Role in cell differentiation." J Biol Chem **264**(32): 19076-80.

Olshefski, R. S. and S. Ladisch (2001). "Glucosylceramide synthase inhibition enhances vincristine-induced cytotoxicity." Int J Cancer **93**(1): 131-8.

Pchejetski, D., M. Golzio, et al. (2005). "Sphingosine kinase-1 as a chemotherapy sensor in prostate adenocarcinoma cell and mouse models." Cancer Res **65**(24): 11667-75.

Pedchenko, T. V., A. L. Gonzalez, et al. (2008). "Peroxisome proliferator-activated receptor beta/delta expression and activation in lung cancer." Am J Respir Cell Mol Biol **39**(6): 689-96.

Pettus, B. J., A. Bielawska, et al. (2004). "Ceramide 1-phosphate is a direct activator of cytosolic phospholipase A2." J Biol Chem **279**(12): 11320-6.

Pewzner-Jung, Y., S. Ben-Dor, et al. (2006). "When do Lasses (longevity assurance genes) become CerS (ceramide synthases)?: Insights into the regulation of ceramide synthesis." J Biol Chem **281**(35): 25001-5.

Pitson, S. M., P. A. Moretti, et al. (2003). "Activation of sphingosine kinase 1 by ERK1/2-mediated phosphorylation." Embo J **22**(20): 5491-500.

Posse de Chaves, E. and S. Sipione "Sphingolipids and gangliosides of the nervous system in membrane function and dysfunction." FEBS Lett **584**(9): 1748-59.

Postic, C. and J. Girard (2008). "Contribution of de novo fatty acid synthesis to hepatic steatosis and insulin resistance: lessons from genetically engineered mice." J Clin Invest **118**(3): 829-38.

Powell, D. J., S. Turban, et al. (2004). "Intracellular ceramide synthesis and protein kinase Czeta activation play an essential role in palmitate-induced insulin resistance in rat L6 skeletal muscle cells." Biochem J **382**(Pt 2): 619-29.

Rabionet, M., A. C. van der Spoel, et al. (2008). "Male germ cells require polyenoic sphingolipids with complex glycosylation for completion of meiosis: a link to ceramide synthase-3." J Biol Chem **283**(19): 13357-69.

Rani, C. S., A. Abe, et al. (1995). "Cell cycle arrest induced by an inhibitor of glucosylceramide synthase. Correlation with cyclin-dependent kinases." J Biol Chem **270**(6): 2859-67.

Repa, J. J., K. E. Berge, et al. (2002). "Regulation of ATP-binding cassette sterol transporters ABCG5 and ABCG8 by the liver X receptors alpha and beta." J Biol Chem **277**(21): 18793-800.

Repa, J. J. and D. J. Mangelsdorf (2000). "The role of orphan nuclear receptors in the regulation of cholesterol homeostasis." Annu Rev Cell Dev Biol **16**: 459-81.

Rodway, H. A., A. N. Hunt, et al. (2004). "Lysophosphatidic acid attenuates the cytotoxic effects and degree of peroxisome proliferator-activated receptor gamma activation induced by 15-deoxyDelta12,14-prostaglandin J2 in neuroblastoma cells." Biochem J 382(Pt 1): 83-91.

Ruijter, J. M., C. Ramakers, et al. (2009). "Amplification efficiency: linking baseline and bias in the analysis of quantitative PCR data." Nucleic Acids Res 37(6): e45.

Ryland, L. K., T. E. Fox, et al. "Dysregulation of sphingolipid metabolism in cancer." Cancer Biol Ther 11(2): 138-49.

Sabourdy, F., B. Kedjouar, et al. (2008). "Functions of sphingolipid metabolism in mammals--lessons from genetic defects." Biochim Biophys Acta 1781(4): 145-83.

Salinas, M., R. Lopez-Valdaliso, et al. (2000). "Inhibition of PKB/Akt1 by C2-ceramide involves activation of ceramide-activated protein phosphatase in PC12 cells." Mol Cell Neurosci 15(2): 156-69.

Santana, P., L. A. Pena, et al. (1996). "Acid sphingomyelinase-deficient human lymphoblasts and mice are defective in radiation-induced apoptosis." Cell 86(2): 189-99.

Scarlatti, F., G. Sala, et al. (2007). "Resveratrol sensitization of DU145 prostate cancer cells to ionizing radiation is associated to ceramide increase." Cancer Lett 253(1): 124-30.

Scheek, S., M. S. Brown, et al. (1997). "Sphingomyelin depletion in cultured cells blocks proteolysis of sterol regulatory element binding proteins at site 1." Proc Natl Acad Sci U S A 94(21): 11179-83.

Schmitz-Peiffer, C., D. L. Craig, et al. (1999). "Ceramide generation is sufficient to account for the inhibition of the insulin-stimulated PKB pathway in C2C12 skeletal muscle cells pretreated with palmitate." J Biol Chem 274(34): 24202-10.

Schultz, J. R., H. Tu, et al. (2000). "Role of LXRs in control of lipogenesis." Genes Dev 14(22): 2831-8.

Shimohama, S. (2000). "Apoptosis in Alzheimer's disease--an update." Apoptosis 5(1): 9-16.

Spiegel, S. and S. Milstien (2003). "Sphingosine-1-phosphate: an enigmatic signalling lipid." Nat Rev Mol Cell Biol 4(5): 397-407.

Sridevi, P., H. Alexander, et al. (2009). "Ceramide synthase 1 is regulated by proteasomal mediated turnover." Biochim Biophys Acta 1793(7): 1218-27.

Stam, J. C., F. Michiels, et al. (1998). "Invasion of T-lymphoma cells: cooperation between Rho family GTPases and lysophospholipid receptor signaling." Embo J 17(14): 4066-74.

Staretz-Chacham, O., T. C. Lang, et al. (2009). "Lysosomal storage disorders in the newborn." Pediatrics 123(4): 1191-207.

Stoffel, W. and I. Melzner (1980). "Studies in vitro on the biosynthesis of ceramide and sphingomyelin. A reevaluation of proposed pathways." Hoppe Seylers Z Physiol Chem 361(5): 755-71.

Summers, S. A. and D. H. Nelson (2005). "A role for sphingolipids in producing the common features of type 2 diabetes, metabolic syndrome X, and Cushing's syndrome." Diabetes 54(3): 591-602.

Tafesse, F. G., P. Ternes, et al. (2006). "The multigenic sphingomyelin synthase family." J Biol Chem 281(40): 29421-5.

Tagami, S., J. Inokuchi Ji, et al. (2002). "Ganglioside GM3 participates in the pathological conditions of insulin resistance." J Biol Chem 277(5): 3085-92.

Tamehiro, N., S. Zhou, et al. (2008). "SPTLC1 binds ABCA1 to negatively regulate trafficking and cholesterol efflux activity of the transporter." Biochemistry 47(23): 6138-47.

Teboul, M., E. Enmark, et al. (1995). "OR-1, a member of the nuclear receptor superfamily that interacts with the 9-cis-retinoic acid receptor." Proc Natl Acad Sci U S A 92(6): 2096-100.

Ternes, P., S. Franke, et al. (2002). "Identification and characterization of a sphingolipid delta 4-desaturase family." J Biol Chem 277(28): 25512-8.

Tettamanti, G., A. Prinetti, et al. (1996). "Sphingoid bioregulators in the differentiation of cells of neural origin." J Lipid Mediat Cell Signal 14(1-3): 263-75.

Thomas, J., K. S. Bramlett, et al. (2003). "A chemical switch regulates fibrate specificity for peroxisome proliferator-activated receptor alpha (PPARalpha) versus liver X receptor." J Biol Chem 278(4): 2403-10.

Tsuji, K., S. Mitsutake, et al. (2008). "Role of ceramide kinase in peroxisome proliferator-activated receptor beta-induced cell survival of mouse keratinocytes." Febs J 275(15): 3815-26.

Van Brocklyn, J. R., C. A. Jackson, et al. (2005). "Sphingosine kinase-1 expression correlates with poor survival of patients with glioblastoma multiforme: roles of sphingosine kinase isoforms in growth of glioblastoma cell lines." J Neuropathol Exp Neurol 64(8): 695-705.

van Eijk, M., J. Aten, et al. (2009). "Reducing glycosphingolipid content in adipose tissue of obese mice restores insulin sensitivity, adipogenesis and reduces inflammation." PLoS One 4(3): e4723.

Vidal-Puig, A. J., R. V. Considine, et al. (1997). "Peroxisome proliferator-activated receptor gene expression in human tissues. Effects of obesity, weight loss, and regulation by insulin and glucocorticoids." J Clin Invest 99(10): 2416-22.

Wang, J., X. Lv, et al. (2006). "Ceramide induces apoptosis via a peroxisome proliferator-activated receptor gamma-dependent pathway." Apoptosis 11(11): 2043-52.

Watson, C., J. S. Long, et al. (2010). "High expression of sphingosine 1-phosphate receptors, S1P1 and S1P3, sphingosine kinase 1, and extracellular signal-regulated kinase-1/2 is associated with development of tamoxifen resistance in estrogen receptor-positive breast cancer patients." Am J Pathol 177(5): 2205-15.

Wattenberg, B. W., S. M. Pitson, et al. (2006). "The sphingosine and diacylglycerol kinase superfamily of signaling kinases: localization as a key to signaling function." J Lipid Res 47(6): 1128-39.

Wennekes, T., A. J. Meijer, et al. (2009). "Dual-action lipophilic iminosugar improves glycemic control in obese rodents by reduction of visceral glycosphingolipids and buffering of carbohydrate assimilation." J Med Chem 53(2): 689-98.

Willson, T. M. and W. Wahli (1997). "Peroxisome proliferator-activated receptor agonists." Curr Opin Chem Biol 1(2): 235-41.

Willy, P. J., K. Umesono, et al. (1995). "LXR, a nuclear receptor that defines a distinct retinoid response pathway." Genes Dev 9(9): 1033-45.

Woodcock, J. (2006). "Sphingosine and ceramide signalling in apoptosis." IUBMB Life 58(8): 462-6.

Wright, S. C., H. Zheng, et al. (1996). "Tumor cell resistance to apoptosis due to a defect in the activation of sphingomyelinase and the 24 kDa apoptotic protease (AP24)." Faseb J 10(2): 325-32.

Yamashita, T., A. Hashiramoto, et al. (2003). "Enhanced insulin sensitivity in mice lacking ganglioside GM3." Proc Natl Acad Sci U S A 100(6): 3445-9.

Zelcer, N. and P. Tontonoz (2006). "Liver X receptors as integrators of metabolic and inflammatory signaling." J Clin Invest 116(3): 607-14.

RÉSUME :

Les Sphingolipides sont des lipides complexes pour lesquels une dérégulation du métabolisme a été décrite dans de nombreuses pathologies, telles que le syndrome métabolique et de nombreuses maladies génétiques. Dans le foie, les enzymes impliquées dans le métabolisme des lipides sont très sensibles aux régulations transcriptionnelles. Du fait que les acides gras soient nécessaires à la synthèse des sphingolipides, nous nous sommes demandés si les récepteurs nucléaires impliqués dans la régulation transcriptionnelle de leur métabolisme l'étaient également dans celle des sphingolipides. Dans cette étude, nous avons testé l'hypothèse que le Liver X Receptor (LXR) et le Peroxisome Proliferator Activated Receptor (PPARα), qui sont respectivement les principaux régulateurs transcriptionnels de la biosynthèse des acides gras hépatiques et de la dégradation, peuvent influencer le métabolisme des sphingolipides. Pour répondre à cette hypothèse, nous avons utilisé une approche pharmacologique in vivo pour induire l'activité de LXR et PPAR chez des souris de type sauvage et des souris transgéniques déficientes en LXR ou en PPAR. Cela nous a permis d'effectuer l'analyse transcriptomique et les dosages biochimiques portés sur le métabolisme des sphingolipides. Pour la première fois, nos données montrent que le métabolisme des sphingolipides semble être fortement touché par LXR et PPAR.

DISCIPLINE :

TOXICOLOGIE

MOTS-CLEFS :

1 : SPHINGOLIPIDES
2 : RÉCEPTEURS NUCLÉAIRES
3 : MÉTABOLISME HÉPATIQUE
4 : LXR

5 : PPAR ALPHA
6 : LIPOGÉNÈSE
7 : STEATOSE
8 : STEATO-HEPATITE

ADRESSE DE L'AUTEUR :

135 rue des Arcs Saint Cyprien
31 300 Toulouse
FRANCE

www.ingramcontent.com/pod-product-compliance
Lightning Source LLC
Chambersburg PA
CBHW020312220326
41598CB00017BA/1539